Aus der Praxis für die Praxis

Liebe Leserinnen und Leser,

Fahrzeuge, die wegen zu kleiner Hallen ständig im Freien stehen müssen, sanitäre Einrichtungen, die diesen Namen kaum noch verdienen, Standorte mitten in einem Wohngebiet: Viele Bauhöfe kennen diese Probleme. Ein Neu- oder zumindest Umbau ist deshalb oft dringend notwendig – und wird doch gerne aufgeschoben. Wegen knapper Kassen, wegen anderer Bauprojekte, wegen fehlendem Dringlichkeitsbewusstsein in der Einwohnerschaft.

Wir haben daher in diesem Buch Beispiele für Bauhöfe gesammelt, die in den letzten Jahren ein solches Projekt erfolgreich in Angriff genommen haben. Die meisten vorgestellten Bauhöfe sind bereits fertig und bezogen, aber noch nicht alle. Wir stellen Einrichtungen aus großen und kleinen Kommunen vor, aus dem Norden und aus dem Süden Deutschlands und auch aus Österreich. Die Aufgabengebiete sind mal ganz „bauhoftypisch" und mal sehr speziell, die Architektur mal zweckmäßig und mal besonders, die Gründe für den Neubau äußerst vielfältig. Was alle vorgestellten Projekte eint: Ein Neubau war dringend notwendig, mit äußerst viel Planung und Arbeit verbunden – und brachte immer Verbesserungen für die Mitarbeitenden und ihre Arbeitsabläufe mit sich.

In diesem Buch finden Sie Anregungen, mögliche Stolpersteine, praktische Tipps und Infos. Zudem finden Sie die Daten von Herstellern und Architekturbüros, die bereits Projekte mit Bauhöfen und Kommunen abgeschlossen haben. Und auch die Kontakte von Ansprechpartnern bei den Kommunen und Bauhöfen, sodass Sie bei den für Sie besonders interessanten Projekten direkt nachhaken können.

Wir bedanken uns herzlich bei allen Beteiligten, die dieses Buch ermöglicht haben, die uns die umfassenden Inhalte geliefert, tolle Fotos zur Verfügung gestellt und geduldig unsere Nachfragen beantwortet haben.

Herzliche Grüße

Matthias Ziegler

Redakteur „der bauhofLeiter"

Hinweis

Sie haben Anregungen und Wünsche zu unseren Bauhofprodukten und Events?

Wir freuen uns auf Ihre Nachricht:

redaktion@bauhof-leiter-de

Aufgrund der leichteren Lesbarkeit wird auf die geschlechtsneutrale Form verzichtet, die männliche Schreibform schließt immer auch die weibliche Form mit ein.

Inhaltsverzeichnis

Planung und Bau

Grundlagen für einen neuen oder umgebauten Bauhof

Vor der Planung steht die Machbarkeitsstudie

Offiziell gibt es die HOAI-Phase Null nicht. Es macht aber durchaus Sinn, eine Machbarkeitsstudie vor den Beginn der ersten HOAI-Leistungsphase zu platzieren. Nachfolgend werden die wesentlichen Schritte einer Machbarkeitsstudie aus der Sicht eines neutralen Beraters aufgezeigt und Beispiele aus realisierten Projekten vorgestellt.

Bevor einige Millionen Euro in einen neuen Baubetriebshof für die nächsten 50 Jahre investiert werden, sollte intensiv geprüft werden, welche Alternativen zu einem 1:1-Neubau des heutigen Bauhofs bestehen:

- Ist am alten Standort eine Nachnutzung durch geschickte Um- und Neubauten möglich?
- Sind weitere kommunale Akteure auf der Suche nach Räumen/Flächen (z. B. Feuerwehr, andere Ämter)?
- Welche logistisch gut erreichbaren, alternativen Grundstücke gibt es?
- Haben die Nachbarkommune oder ein benachbarter Kreis ein ähnlich gelagertes Platzproblem?
- Gibt es interessante gewerbliche Immobilien, die derzeit brachliegen?

Diese Alternativen sind sehr wichtig, da in den wenigsten Kommunen in Deutschland ein Baubetriebshof logistisch gut angeschlossen „auf der grünen Wiese" realisiert werden kann. Zudem kommen viele kommunale Infrastrukturen derzeit gleichzeitig „in die Jahre", sodass sich gemeinsame Lösungen oft anbieten.

Beispiele für Gemeinschaftsprojekte sind z. B. die interkommunalen Baubetriebshofneubauten Böblingen/Sindelfingen, Iserlohn/Hemer oder Neu-Isenburg/Dreieich. In Beckum und Warendorf haben sich jeweils die Stadt und der Kreis Warendorf zu einem Gemeinschaftsbauhof zusammengeschlossen und die alten Kreisbauhöfe stillgelegt. Im Kreis Unna haben die Feuerwehr und der Kreisbauhof zusammen neu gebaut.

Das richtige Grundstück

Häufig kann auch durch die intensive Recherche nach brachliegenden städtischen Grundstücken (mit dem Liegenschaftsamt) oder zum Verkauf stehender gewerblicher Flächen (z. B. mit der Wirtschaftsförderung) eine weitere Alternative gefunden werden. Gerade gewerbliche Insolvenzobjekte bieten z. T. interessante Gebäude für Fahrzeughallen oder Materiallager.

Bild 1: *Beengte Parksituation eines Abfallsammelfahrzeugs. (Quelle: INFA)*

So wurden die Bauhof-Neubauten in Wesel und Beckum zwischen übernommenen Hallen aus der Vorgängernutzung gesetzt. In Bochum haben die Technischen Betriebe einen zentralen Standort in einem alten Stahlwerk gefunden. Die riesige ehemalige Produktionshalle bietet nun Platz für den gesamten Fuhrpark. In Trier wurden in leerstehende Hallen auf einem Grundstück neben der Kläranlage für die Verwaltungsbüros Holzmodule als Komplettbausätze modular integriert. Durch die Nähe zur Kläranlage kann u. a. Energie aus Klärgas vor Ort genutzt werden.

Oft kann ein Altstandort auch durch einige Neubauten im Bestand aufgewertet werden, wie es z. B. in Minden auf einem alten Kasernengelände erfolgt ist. Hier wurden Empfangsbereich, Besprechungsraum und Aufenthaltsraum neugestaltet und in die bestehenden Gebäude integriert.

Wenn mehrere Standortalternativen zur Verfügung stehen, kann auch eine Fahrzeitenanalyse fester Bestandteil einer Machbarkeitsstudie sein. Dann werden die veränderten Zeitanteile der Revierkolonnen für die unterschiedlichen Anfahrsituationen gegenübergestellt. Bei Baubetriebshöfen mit Abfallwirtschaft und Straßenreinigung kommt die Entfernung zu den jeweiligen „Kippstellen“ als wichtiges Kriterium hinzu.

Diese Planspiele sollten natürlich nicht öffentlich durchgeführt werden, um etwaigen Spekulationen mit Immobilien und Bauland vorzubeugen.

Wichtige Basisinformationen

Im zweiten Schritt sind die Basisinformationen für die Dimensionierung zusammenzustellen, also

- ob der Neubau größer oder kleiner werden sollte (Aufgabenkritik),
- welche Infrastrukturen dort vorgehalten werden sollten (z. B Tankstelle, Waschhalle),
- welche kommunalen Serviceleistungen dort zusätzlich sinnvoll verortet werden könnten (z. B. Wertstoffhof),
- wie zukünftig der Winterdienst zu erfolgen hat,
- welche Flächen (Sozialräume, Lager, Fahrzeughallen etc.) benötigt werden (IST / SOLL) und
- mit wie vielen Reserveflächen gerechnet werden sollte.

Die notwendige Fläche

Der einfachste Ansatz zur Ermittlung des Flächenbedarfs ist die Befragung des Baubetriebshofs. Wünsche nach mehr Platz können von einem neutralen Dritten anschließend kritisch geprüft werden.

Bei der Bemessung des Flächenbedarfs sind zwei Punkte zu unterscheiden: Zum einen sind die Flächen für Spinde, Duschen, Umkleiden oder Trockenräume bei sehr vielen Bauhöfen mit den Jahren zu klein geworden und entsprechen nicht mehr der Arbeitsstättenverordnung. Die Berufsgenossenschaften sehen oft nur von einer Schließung ab, weil auf einen geplanten Neubau verwiesen wird.

Zum anderen sind durch die verstärkte Technisierung der Baubetriebshöfe und kleiner werdende Einsatzgruppen heute viel mehr Fahrzeuge und Geräte abzustellen und zu unterhalten. Die Fahrzeuge stehen daher überall, wo Platz ist, und auch die Eigenwerkstätten stoßen an ihre Grenzen (Höhen der Hallen und Länge der Gruben). Zudem sind z. B. Abfallsammelfahrzeuge in den letzten Jahren immer länger geworden, sodass die Fahrzeuge manchmal nur noch so gerade in die Fahrzeughallen passen.

Im Rahmen einer Neuplanung können daher die Stellflächen systematisch ermittelt und auf Warm-/Kalthallen sowie Remisen und Außenstellflächen verteilt werden. Hier sind die Rahmenbedingungen sehr unterschiedlich und die Zuordnungen reichen von „alle Fahrzeuge in Hallen“ bis „alle Fahrzeuge im Freien“. Wie zu erwarten, liegt der Kompromiss zwischen Witterungsschutz und Baukosten dazwischen.

Oft bietet es sich an, direkt an einen Baubetriebshof einen kommunalen Wertstoffhof anzugliedern (z. B. in Ahlen und Greven). Das hat den Vorteil, dass die Container von der Bauhofseite gezogen werden können und keine kreuzenden Verkehre erforderlich sind. Auch das Equipment, wie Radlader, Gabelstapler oder Bagger, ist nicht separat am Wertstoffhof vorzuhalten.

Beim Thema Winterdienst kann im Zuge der Neuplanungen auch überlegt werden, ob von Salzhalle auf Salzsilos umgestellt werden soll. Dazu gehört auch die Frage nach Feuchtsalz- oder Soleeinsatz.

Viele Bauhofe hätten gerne eine Tankstelle, einen großen Waschplatz und möglichst noch eine Waschhalle; dazu Werkstätten für Schlosser, Tischler, Maler, Elektriker und Maurer sowie eine Kfz- und Kleingerätewerkstatt. Bei allen diesen Infrastrukturen ist der Bedarf kritisch zu hinterfragen und Alternativen zu sichten („make or buy“). Auch ist zu prüfen, ob z. B. Schlosser des Grünflächenbereichs und der Straßenunterhaltung bei einem Gemeinschaftsstandort von Grünflächenamt und Tiefbauamt nicht in einer gemeinsamen Werkstatt arbeiten können.

Neben einem kritischen Umgang mit dem Flächenbedarf sollte man sich auf der anderen Seite auch mit Reserven beschäftigen. Bei den Sanitärräumen sollte auch bei den traditionell männerdominierten Baubetriebshöfen von einem erhöhten Frauenanteil ausgegangen werden.

Des Weiteren gibt es immer wieder neue Aufgaben und Aufgabenzuwächse für einen kommunalen Baubetriebshof, sei es durch die Zunahme an Grünflächen, die Rekommunalisierung von Vergabeleistungen oder die Auswirkungen durch den Klimawandel. Daher sollte eine gewisse Reserve mit eingeplant werden, damit die Räumlichkeiten nicht vom ersten Tag des Einzugs in den neuen Bauhof beengt sind.

Ökologische Themen

Im dritten Schritt sollten Zukunftsthemen angesprochen werden, z. B.:

- E-Mobilität / Ladeinfrastruktur
- alternative Energieversorgung
- Nachhaltigkeit (Brauchwasser, Dachbegrünung etc.).

Diese Themen sind in der Phase der Machbarkeitsstudie noch sehr unkonkret, können aber bei der politischen Diskussion der freizugebenden Investitionen helfen. Zudem können ggf. Fördermittel oder zinsgünstigere Kredite genutzt werden.

Kosten schätzen

Nun folgt der vierte Schritt: die grobe Abschätzung der Baukosten. Hier hat sich bewährt, über durchschnittliche Baukosten nach BKI und die im Rahmen der Machbarkeitsstudie abgeschätzten Flächen für die Gebäudeteile eine Hochrechnung durchzuführen. Wichtig ist, dass in der HOAI-Leistungsphase Null hier noch sehr große Schwankungsbreiten bestehen und auf diese nachdrücklich hinzuweisen ist. Das rührt zum einen aus der noch fehlenden baulichen Ausgestaltung, die in der Vorplanung erst erfolgt und zum anderen um den Blick in die Zukunft. Hier kann mit durchschnittlichen Baukostensteigerungen gearbeitet werden. Aber auch diese Annahmen können sich durch politische Krisen weltweit schnell und stark verändern. Dazu kommt klassisch eine Position „Unvorhergesehenes" mit 10-15 %, um zu ehrlichen Baukostenabschätzungen zu kommen. Und auch der Umgang mit der Mehrwertsteuer sollte einheitlich gehandhabt werden (Kosten beim BKI sind z. B. brutto).

Neben der (in dieser Phase noch sehr groben) Abschätzung der Baukosten sollten für die politische Mehrheitsbeschaffung auch Einsparpotenziale und weiche Faktoren einbezogen werden:

- Einhaltung der Arbeitsstättenverordnung
- Rechtssicherheit
- Synergiepotenziale (Zentrallager, Gemeinschaftswerkstätten, Multifunktionsräume etc.)
- deutlich reduzierte laufende Betriebskosten (Energie / Wasser)
- Digitalisierung der Arbeitsvor- und -nachbereitung
- Innovationen (z. B. Soleaufbereitung)
- verbesserte Arbeitsbedingungen für die Beschäftigten (Trockenräume, versenkte Abfallmulden, moderne Werkstatteinrichtungen, Lagerwirtschaftssysteme etc.)
- Umsetzung der o. g. Zukunftsthemen

Thema Personal

Ein wichtiger Punkt für einen Neubau ist das Thema Personalgewinnung und -bindung. Mit heruntergekommenen Gebäuden wird ein Baubetriebshof nur sehr schwer Auszubildende und neue Mitarbeitende für sich begeistern können. Wenn PC-Arbeitsplätze, Flachbildschirme zur Einsatzplanung und helle freundliche Räumlichkeiten vorgeführt werden können, ist dies wesentlich einfacher. Auch separate Räume für Auszubildende sind ein möglicher Pull-Faktor, um den dringend benötigten Nachwuchs zu akquirieren.

Es empfiehlt sich zudem, mit den Entscheidungsträgern eine Ortsbegehung am alten Baubetriebshof durchzuführen, um dort z. B. die Enge in den Umkleiden, die maroden Duschen oder einsturzgefährdeten Fahrzeughallen vorzuzeigen. Damit hat sich schon so manche Diskussion zum Thema „Kann man das Gebäude nicht noch sanieren?" im Rathaus erübrigt.

Struktur skizzieren

Falls ein Grundstück bereits ausgeschaut wurde, ist es des Weiteren sinnvoll, bereits im Rahmen einer Machbarkeitsstudie eine Skizze zur Anordnung der Gebäude anzufertigen, um die Vorteile einer geplanten strukturierten Anordnung der Funktionseinheiten gegenüber den bekannten gewachsenen heutigen Strukturen auch visuell aufzeigen zu können. Bei einem neu geplanten Baubetriebshof stehen z. B. die Fahrzeuge der Mitarbeitenden vor dem Tor und die Einsatzleitung hat Büros an zentraler Stelle mit Überblick über das Geschehen auf dem Hof. Werkstätten und ihre Lager sind zusammen verortet und Infrastrukturen entsprechend ihrer Nutzungsintensität räumlich angeordnet. Dies bringt dauerhaft im Betriebsablauf Zeitersparnisse durch kurze Wege und schnellere Rüstzeiten.

Und dann beginnt die feste Planung

Mit einer Auflistung der Verbesserungen durch den Neu-/Umbau, die Baukostenabschätzung und einer Skizze zu einer optimierten Anordnung der abgeschätzten Flächen sollte dann der politische Beschluss für eine weitere Planung eingeholt werden. Dieser Termin ist sehr gut vorzubereiten, um auf alle Nachfragen und Kritikpunkte vorbereitet zu sein.

***Bild 2:** Unschöne Dusch-Szene. (Quelle: INFA)*

***Bild 3:** Skizze eines Baubetriebshofs aus einer Machbarkeitsstudie. (Quelle: INFA)*

Mit dem politischen Beschluss, dem ermittelten Flächenbedarf und den gewünschten Infrastruktureinrichtungen geht es dann in die Planung mit einem Architektur- bzw. Ingenieurbüro, welches dann die weiteren Schritte bis zum Tag der Eröffnung begleitet.

Durch eine vorgelagerte Phase Null lassen sich die weiteren Phasen wesentlich geschmeidiger durchlaufen, da wichtige Abstimmungen bereits im Vorfeld erfolgt sind (z. B. zum Salzmanagement oder zur Stellplatzzuordnung).

Und die Einsparpotenziale bei den Investitionen und Betriebskosten sind wesentlich größer als die Kosten für eine externe Begleitung. Zudem kann der externe Blick auf die lokale Situation auch „heilige Kühe vom Eis holen".

Dr.-Ing. Jakob Breer
INFA GmbH (Ahlen)
https://infa.de

Vor dem Neu- oder Umbau: Anforderungen an die Planung eines Bauhofs

Bild 1: (Quelle: © Production Perig – stock.adobe.com)

An einem Bauhof werden Fahrzeuge, Maschinen und Materialien für Grünpflege, Straßenerhaltung, Straßenreinigung, Winterdienst und viele weitere Aufgaben bereitgestellt. Häufig befinden sich hier auch Werkstätten für Wartungs- und Reparaturarbeiten an den betriebseigenen Fahrzeugen und Maschinen. Hinzu kommen Umkleide- und Sozialräume für die Mitarbeitenden und die Büros der Verwaltung. Aus dieser komplexen Zusammensetzung der Aufgaben und Funktionen ergeben sich besondere Anforderungen an die Planung eines Bauhofs.

Leistungsphasen und Leistungsinhalte

Für einen modernen und funktionsgerechten Bauhof müssen die Anforderungen differenziert ermittelt und die Betriebsvorgänge detailliert aufgenommen werden. Zudem müssen die architektonischen und baukonstruktiven Anforderungen ökologisch und ökonomisch abgebildet werden. Der Planungsprozess erfolgt nach den allgemeinen Vorgaben und Anforderungen der Honorarordnung für Architekten und Ingenieure (HOAI). Dort werden die einzelnen Leistungsphasen und Leistungsinhalte der Planung von der Grundlagenermittlung bis zur Bauabnahme beschrieben. Die konkreten Anforderungen an die Planung eines Bauhofs ergeben sich aus dem betrieblichen und dem funktionalen Bedarf. Um diesen in der Entwurfs- und Genehmigungsplanung in einen architektonisch ansprechenden und wirtschaftlich optimierten Entwurf umsetzen zu können, kommt es in der Grundlagenermittlung und Vorplanung auf eine exakte und vollständige Klärung der Aufgabenstellung und der Standortvoraussetzungen an. In diesen Leistungsphasen müssen u. a. die nachfolgenden Inhalte systematisch bearbeitet werden:

- Auswertung Machbarkeitsstudie, Standortanalyse mit Herleitung des allgemeinen Bauumfangs
- Beschaffung, Auswertung Bestandsunterlagen (Ver-/Entsorgungsleitungen, Baulasten etc.)
- Ermittlung der bauplanungsrechtlichen Voraussetzungen für das Plangrundstück

- Bedarfsplanung und Bedarfsermittlung
- Ermittlung und Beschreibung der Betriebsabläufe, Schnittstellen und Querbeziehungen
- Standortbewertung bzgl. kritischer Emissionspunkte in der Nachbarschaft
- Bewertung der verkehrlichen Erschließung
- Aufnahme Grundstücksbestsand bzgl. Bestandsbebauung, Geländehöhen
- Ermittlung der für das Projekt erforderlichen Fachplaner (z. B. Bodengutachter, Brandschutzsachverständiger, Statiker, Fachplaner technische Gebäudeausrüstung etc.)

Im Dialog den Bedarf ermitteln

In der Regel hat der Bauherr vor der planerischen Umsetzung seines Bauhofprojekts bereits eine Machbarkeitsstudie erstellt, aus der sich der grundsätzliche Baubedarf für den Bauhof ergibt. Zu Beginn der Planung müssen die Ergebnisse der konzeptionellen Vorleistungen analysiert und die Funktionsbereiche mit dem jeweiligen Baubedarf konkretisiert werden. Mit der baulichen Konkretisierung müssen die betrieblichen Zusammenhänge und Synergiepotenziale der Funktionsbereiche ermittelt werden.

Die Bedarfsplanung ist ein Prozess, der im Dialog mit dem Bauherrn durchgeführt wird und in dem die Weichen für alle folgenden Planungsphasen gestellt werden. Da i. d. R. der Neubau einen Bestandsbauhof ersetzt oder modernisiert, gehört zur Bedarfsplanung immer eine detaillierte Aufnahme des baulichen und des betrieblichen Bestands. Aus der Bedarfsplanung wird die Nutzungskonzeption abgeleitet. Folgende Leistungen sind in dieser Phase zu erbringen:

- methodische Ermittlung der Bedürfnisse des Bauherrn und der Nutzer; deren zielgerichtete Aufbereitung als „Bedarf“ und dessen Umsetzung in bauliche Anforderungen
- Bedarfsableitung nach Zweck und Ziel unter Berücksichtigung künftiger Entwicklungen
- Definition der für die Bedarfsdeckung erforderlichen Nutzeinheiten, Flächen- und Raumbedarf, Ausstattung, Organisation etc.
- Aufstellung Funktionsprogramm mit Zuordnung der einzelnen Funktionsbereiche, Raumgruppen und Sonderflächen/-räume unter Berücksichtigung der Arbeits- und Kommunikationsbeziehungen sowie der betrieblichen Logistik
- Erstellung Raumprogramm mit Flächen und Räumen für die unterzubringenden Nutzungseinheiten inkl. der erforderlichen Sonderflächen und Sonderräume
- Aufstellung Ausstattungsprogramm mit der erforderlichen Ausrüstung der Betriebs-/Gebäudetechnik sowie der Einrichtung mit Maschinen, Geräten und Mobiliar; Gestaltung der Arbeitsplätze und des Arbeitsumfelds, Maschinenanordnung und -aufstellung

Speziell am Bauhof: Die Verkehrsplanung

Die Ergebnisse der Grundlagenermittlung und Vorplanung werden in planerischen Entwürfen für die einzelnen Gebäude und für den Gesamtstandort umgesetzt. Nutzungs- und aufgabenorientiert werden Gebäudetypen definiert. In ersten Skizzen wird der Platzbedarf in den einzelnen Gebäuden entsprechend der definierten Nutzung und Ausstattung ermittelt. Ergänzend müssen erforderliche Zugänglichkeiten für Fahrzeuge, Geräte, Personal etc. und Verbindungen zu anderen Gebäuden dargestellt werden.

Die Skizzen der einzelnen Gebäudetypen bilden die Basis für die organisatorisch und betrieblich optimierte Anordnung des Bauhofs auf dem zur Verfügung stehenden Plangrundstück. In der Vorplanung ist für den Gesamtstandort die räumliche Anordnung aller Funktionsbereiche unter Berücksichtigung der betrieblichen Zusammenhänge und Verkehrsbewegungen umzusetzen. Diese grundlegenden Festlegungen zur Betriebs-organisation haben entscheidenden Einfluss auf die weitere Planung. Auf einem Bauhof führen die Verkehrsbewegungen gerade zu den Stoßzeiten, d. h. Ausfahrt zu Dienstbeginn und Einfahrt zum Dienstende, und die Zugänglichkeiten für Fahrzeuge, Geräte, Maschinen etc. zu den einzelnen Funktionsbereichen zu Gefährdungen und möglichen Beschädigungen an Fahrzeugen sowie der Bausubstanz. Diesem ist in der Planung durch definierte Verkehrsführung mit weitgehender Einbahnstraßenregelung und ausreichend bemessenen Rangierflächen zu begegnen. Für den konkreten Standort ergeben sich individuelle Anforderungen aus der öffentlichen Erschließung und dem Bauplanungsrecht, insbesondere aus definierten Baugrenzen und dem Maß der baulichen Nutzung. Es ist somit unerlässlich, diese Grundlagen in die Planung einzubinden und den Umfang der baulichen Nutzung mit den Vorgaben der Planungsrechte abzugleichen.

Kostenpunkt Baugrund

Auf die Standortplanung und die Projektkosten haben der Baugrund und die Grundstücksentwässerung einen maßgebenden Einfluss. Aus den örtlichen Baugrundverhältnissen können sich spezielle Anforderungen an die Bauwerksgründung und an die Grundwasserhaltung ergeben. Dies kann zu umfangreichen Bodenverbesserungsmaßnahmen oder Sondergründungsmaßnahmen führen. Generell müssen für überschüssige Böden hohe Entsorgungskosten eingeplant werden. Um hier die wirtschaftlichen Auswirkungen begrenzen zu können, muss die Planung an das bestehende Geländeniveau angepasst werden, sodass der Bodenabtrag minimiert werden kann. Nicht selten muss der örtliche Boden als belastet eingestuft werden, was zusätzlichen Kostendruck zur Folge hat. Die Belastungen können aus gezogenen Grundbelastungen oder früheren Nutzungen stammen. Die Voraussetzungen des Standorts müssen vollständig ermittelt werden, um z. B. durch eine angepasste Höhenplanung reagieren zu können.

Auswahl einer Planungsvariante

Die wirtschaftlichen Aspekte für den Neubau eines Bauhofs müssen in allen Planungsphasen berücksichtigt werden. Bereits in der Vorplanung können durch optimierte Flächen- und Raumkonzepte unter Einbeziehung von Synergiepotenzialen für alle Funktionsbereiche die Projektkosten positiv beeinflusst werden. Aus der Raumbemessung, der Raumausstattung, der Raumeinrichtung etc. ergibt sich eine deutliche Kostenrelevanz. Mit dem Betrieb müssen für jede Funktionseinheit die baulichen Anforderungen diskutiert und wirtschaftlich optimiert definiert werden. Als Beispiel sind hier differenzierte Festlegungen zur Beheizung und zur technischen Ausführung der Gebäudehülle für die einzelnen Funktionsbereiche zu nennen, die sich nicht nur positiv auf die Baukosten auswirken, sondern auch dauerhaft dazu beitragen, die Betriebskosten zu minimieren.

Ebenso ist die Einbeziehung von Systembauweisen im Sinne einer wirtschaftlich optimierten Planung zielführend. Als Entscheidungshilfe für die Auswahl einer Planungsvariante werden Kostenschätzungen erstellt. Eine detaillierte und vollständige Kostenschätzung ist die verlässliche Basis für eine Projektfreigabe in den Entscheidungsgremien. Im weiteren Planungs- und Bauprozess erforderliche Anpassungen der Kosten führen zu unnötigen Diskussionen und stellen das Neubauprojekt infrage.

Entwurfs- und Genehmigungsplanung

Nach Auswahl einer Planungsvariante werden in der Entwurfs- und Genehmigungsplanung die planerischen und genehmigungsrechtlichen Grundlagen für die einzelnen Anlagen ermittelt. Die baulichen Anforderungen aus der Bedarfsermittlung werden in den Entwurf eingearbeitet und die brandschutztechnischen Anforderungen mit dem Sachverständigen abgestimmt. Für die fertige Entwurfsplanung werden die Antragsunterlagen erstellt. Für die Entwässerung des Standorts werden die wasserrechtlichen Grundlagen (Einleitungsstellen, Einleitungsmengen, Einleitungsgrenzwerte etc.) ermittelt. Die bedarfsgerechte Planung der Entwässerungsanlagen zur Ableitung, Vorbehandlung und ggf. Rückhaltung erfolgt in der Entwurfsplanung. Für den Entwurf werden die wasserrechtlichen Anträge, Einleitungsgenehmigungen etc. erstellt.

Es empfiehlt sich, in der Entwurfsplanung einen Zeitplan für die weitere Projektrealisierung aufzustellen. Dieser sollte den prognostizierten Zeitbedarf für die maßgebenden Vorgänge bis zur Inbetriebnahme des neuen Bauhofs beinhalten:

- Antragsbearbeitung Baugenehmigungsbehörde ca. drei bis sechs Monate
- Ausführungsplanung ca. sechs Monate
- Vorbereitung der Vergabe ca. drei Monate
- Ausschreibung und Vergabe ca. drei Monate
- Bauzeit ca. zwölf Monate

Die angegebenen Zeiträume stammen aus einem Bauhofneubau mit einem Bauvolumen von ca. 8,0 Mio. Euro (nach heutigem Kostenstand) und sind natürlich sehr projektspezifisch, verdeutlichen aber den Zeitbedarf für die weitere Projektrealisierung.

Die Ausführungsplanung

Aufbauend auf der Entwurfs-/Genehmigungsplanung wird die Ausführungsplanung erstellt und die Vergabeunterlagen werden erarbeitet. In dieser Planungsphase werden konstruktive Detailplanungen für dauerhafte bauliche Anlagen unter Berücksichtigung ökologischer Anforderungen an den Bau und den Betrieb erarbeitet. Für die termingerechte Abwicklung ist die Erstellung eines Rahmenterminplans für das Bauvorhaben von entscheidender Bedeutung. Bereits für die Kalkulation ist für die Baufirmen ein verlässlicher Terminplan wichtig. So können Ressourcen eingeplant und wirtschaftliche Angebote erarbeitet werden.

Für einen reibungslosen Bauablauf und für die Einhaltung der Baukosten ist die Vorbereitung einer detaillierten Leistungsbeschreibung mit Leistungsverzeichnis wichtig. Eine vollständige Leistungsbeschreibung lässt in der Bauausführung wenig Spielraum für zeitraubende Diskussionen, die wertvolle Ressourcen für die qualitativ hochwertige Bauabwicklung binden. Vollständige Leistungsbeschreibungen und detaillierte Ausführungspläne ermöglichen einen zügigen und qualitätsorientierten Baufortschritt. Die Baubeteiligten können sich auf die Bauausführung selbst konzentrieren und der Planer kann seiner wesentlichen Aufgabe der Qualitätsüberwachung im Rahmen der Objektüberwachung nachkommen.

Dipl.-Ing. Gregor Altepost
IWA Ingenieurgesellschaft für Industriebau, Wasser- und Abfallwirtschaft
www.iwa-owl.de

Wenn der Bauhof in die Jahre gekommen ist: Genehmigungspflichten bei Neubau, Umbau und Modernisierung

Bild 1: *(Quelle: © S. Engels – stock.adobe.com)*

Bauhöfe sind zentrale Einrichtungen der Gemeinde. Sie müssen nicht nur eine Vielzahl von Aufgaben bewältigen, sondern auch mit dem technischen Fortschritt und neuen Herausforderungen Schritt halten.

Das erfordert regelmäßige Anpassungen der baulichen Anlagen an die Entwicklungen. Der Umfang dieser Anpassungen entscheidet darüber, ob und welche Genehmigungen notwendig sind.

Wann braucht es keine Genehmigung?

Der erste Baustein ist dabei, dass Bauhöfe, wie andere bauliche Anlagen auch, Bestandsschutz für die Bausubstanz und ihren Nutzungszweck an einem bestehenden Standort genießen, soweit durch Baumaßnahmen die bestehenden baulichen Anlagen in ihrer Grundsubstanz erhalten bleiben und nur dem Stand der Technik angepasst werden. Eine Genehmigung ist in solchen Fällen dann grundsätzlich nicht erforderlich.

Instandhaltungsarbeiten bzw. Modernisierungen i. S. d. Musterbauordnung[1] sind bauliche Maßnahmen zur Erhaltung des bestimmungsgemäßen Gebrauchs einer Anlage oder ihrer baulichen Substanz, um die durch Abnutzung, Alterung oder Witterungseinflüsse entstandenen baulichen und sonstigen Mängel ordnungsgemäß zu beseitigen, ohne die Identität der Anlage einschließlich ihres Nutzungszwecks zu ändern.[2]

[1] Musterbauordnung: Gemeinsame Vorlage der Bauministerkonferenz für die Landesbauordnungen der Länder, von der die Länder allerdings zum Teil wesentlich abweichen

[2] Verwaltungsgerichtshof Baden-Württemberg, Beschluss vom 11.05.2011, Az.: 8 S 93/11

Die Baugenehmigung deckt bei Beibehaltung der Identität auch Unterhaltungsarbeiten unter geringfügiger Änderung der Bausubstanz ab, solange die ursprüngliche Anlage nach wie vor als Hauptsache erscheint[3], wenn die Arbeiten also nach dem Stand der Technik erfolgen und die ursprüngliche bauliche Anlage nur so weit verändern, wie dies notwendig ist, um diese funktional an die geänderten Anforderungen der baulichen Anlage anzupassen. Ein Beispiel dafür ist insbesondere die energetische Ertüchtigung eines Gebäudes.

Wann braucht es keine Genehmigung?

Sind allerdings mit den Baumaßnahmen Änderungen verbunden, die zu mehr Störwirkungen führen oder die den Umfang der Bebauung wesentlich erhöhen, ist ein Genehmigungsverfahren nötig. In diesen Fällen deckt der Bestandsschutz nur die Art der Nutzung ab. Der weitere Betrieb des Bauhofs ist durch eine bestehende Baugenehmigung grundsätzlich auch dann abgedeckt, wenn die Umbauarbeiten dazu dienen, das Aufgabenspektrum an einem Standort zu erweitern oder wesentlich zu verändern.

In diesen Fällen ist dennoch eine baurechtliche Änderungsgenehmigung erforderlich. Diese berührt zwar i. d. R. nicht den bestehenden Nutzungszweck, jedoch sind darüber hinaus alle Genehmigungsaspekte im Rahmen des Verfahrens zu überprüfen. Dies betrifft insbesondere die Frage, inwieweit durch die Erweiterung oder Änderung der vor Ort wahrgenommenen Aufgaben nachbarschaftliche Interessen berührt oder beeinträchtigt sind und inwieweit darüber hinaus Umweltauflagen beachtet werden müssen.

Beispiele:

- Der Bauhof nimmt eine eigene Fahrzeugwaschanlage in Betrieb. Für die Entsorgung des teilweise kontaminierten Wassers muss eine Bodenversiegelung und eine Ableitung des Wassers in eine geeignete Sammelstelle installiert werden.
- Die Betriebszeiten des Bauhofs sollen ausgeweitet werden. Aus Rücksicht auf das nahegelegene Wohngebiet, das bei Inbetriebnahme des Bauhofs noch nicht bestand, wird die Ausweitung der Betriebszeiten abgelehnt.
- Der bisher auf mehrere Standorte verteilte Bauhof soll zentralisiert werden, weshalb der dafür vorgesehene Standort erweitert werden muss. Damit erhöht sich die Zahl der täglichen Fahrzeugbewegungen erheblich. Im Rahmen des Genehmigungsverfahrens muss geprüft werden, ob die bestehende Verkehrsinfrastruktur dafür ausreicht und ob die Lärmgrenzwerte für die Angrenzer eingehalten werden können.

Modernisierung	• Bestehende Bausubstanz bleibt erhalten • Baumaßnahmen zur Anpassung an „Stand der Technik“ • Keine Genehmigung erforderlich
Umbau oder Erweiterung	• Bestandsschutz nur für Art der Nutzung als Bauhof • Im Übrigen vollständiges Genehmigungsverfahren erforderlich • Auch Nachbarschutz für Nutzungen, die nach Inbetriebnahme des Bauhofs entstanden sind
Neubau	• Standort grundsätzlich nur in Dorf-, Misch-, Gewerbe- und Industriegebieten • Vollständiges Genehmigungsverfahren • Nachbarschutz

Genehmigungserfordernisse für die Modernisierung oder den Neubau eines Bauhofs

Der Entscheidung, einen neuen Bauhof zu errichten, folgt in der Regel die Standortsuche. Maßstab dafür ist zunächst die Baunutzungsverordnung, nach der ein störender Betrieb in der Regel nur in Gewerbe- und Industriegebieten zulässig sind. Bei Bauhöfen ist in der Regel wegen der Vielfalt der Aufgaben, die sie wahrnehmen davon auszugehen, dass von ihnen Immissionen ausgehen, die geeignet sind, Angrenzer wesentlich zu stören.

Mögliche Störwirkungen sind:

- Lärm- und Geruchsentwicklung
- Betriebszeit wegen der Nachtzeit
- Häufige Fahrbewegungen mit großen Fahrzeugen

Bei der Standortsuche ist deshalb darauf zu achten, dass die Entfernung zu Baugebieten, die ganz oder überwiegend der Wohnnutzung oder der Erholung dienen, so groß ist, dass die Störwirkung, die für das Gebiet verbleibt, zu vernachlässigen ist. Ein Vorhaben ist nach der Rechtsprechung insbesondere dann gebietsunverträglich, wenn es wegen seines räumlichen Umfangs und der Größe seines betrieblichen Einzugsbereichs, der Art der Betriebsvorgänge und der Intensität des Zu- und Abgangsverkehrs generell (typischerweise) geeignet ist, den Gebietscharakter zu stören[4]. Dies betrifft aber nicht nur das Gebiet, in dem ein Bauvorhaben untergebracht ist,

[3] Verwaltungsgericht Sigmaringen, Urteil vom 08.12.2005, Az.: 8 K 1663/03
[4] Bundesverwaltungsgericht, Beschluss vom 28.02.2008, Az.:4 B 60.07

sondern auch die Auswirkungen auf benachbarte Gebiete[5].

Auch wenn in der Regel für einen Bauhof keine Umweltverträglichkeitsprüfung durchzuführen sein wird, ist bei der Auswahl der Gebiete, auf denen der Bauhof entstehen soll, darauf zu achten, dass Störungen für den Naturhaushalt, aber auch für einzelne auf der vorgesehenen Fläche oder in deren unmittelbaren Umgebung vorkommenden geschützten Arten vermieden werden. Insoweit ist bei den Planungen schon während des „Suchlaufs" die Naturschutzbehörde frühzeitig zu beteiligen. Hilfreich kann es auch sein, eine eventuell vorhandene Biotopkartierung in die Planungen einzubeziehen.

Bei einem Neubau ist zunächst ein Bau- und Aufgabenplan zu erstellen, um herauszufinden, welche Genehmigungen oder Stellungnahmen von Fachbehörden eingeholt werden müssen. Die folgende Aufstellung kann dabei als Anhaltspunkt für die Planung dienen:

Bauliche Anlagen	Baugesetzbuch, Landesbauordnung, Baunutzungsverordnung
Geruchs- und Lärmbildung	Bundes-Immissionsschutzgesetz (BImSchG), TA Lärm, TA Luft und Ausführungsverordnungen zum BImSchG
Abfalllagerung	Bundes- und Landeskreislaufwirtschaftsgesetze und Ausführungsverordnungen
Schmutzwasser	Wasserhaushaltsgesetz und Landeswassergesetze
Artenschutz, Naturschutzgebiete	FFH-Richtlinie, Naturschutzgesetze, örtliche Naturschutzverordnungen
Erschließung	Straßenrecht und Straßenverkehrsrecht
Chemikalien	Chemikaliengesetz und Ausführungsbestimmungen
Betriebszeit	Arbeitszeitgesetz

Bei der Auswahl der Standorte sollten die Anwohner möglichst früh eingebunden und informiert werden, auch über die vorgeschriebene Öffentlichkeitsbeteiligung hinaus. Dies trägt dazu bei, mögliche Einwände in den weiteren Planungen zu berücksichtigen.

Wichtig ist, für das Genehmigungsverfahren eine ausreichende Zeit zwischen dem Start der Planungen und dem Datum der vorgesehenen Inbetriebnahme einzuplanen, um auch bei möglichen Klageverfahren und damit verbundenen Verzögerungen rechtzeitig mit dem Bau fertig zu werden.

Zu einer rechtzeitigen Inbetriebnahme trägt auch bei, wenn die Planungen so genau wie möglich durchgeführt werden, um spätere Umplanungen zu vermeiden. Solche erhöhen nicht nur die Baukosten zum Teil erheblich, sondern führen auch dazu, dass das Genehmigungsverfahren ganz oder teilweise neu aufgenommen werden muss.

Vor allem, wenn das bisherige Gelände des Bauhofs bereits für eine andere Nutzung vorgesehen ist, kann dies auch zu Verzögerungen in anderen Planungsbereichen führen, was wiederum mit Zusatzkosten verbunden ist.

Praxistipp:

Soweit der Bauhof im Rahmen der kommunalen Zusammenarbeit erstellt und betrieben werden soll, ist es zu empfehlen, die Aufgaben im Rahmen einer Projekt- und Planungsgruppe abzustimmen, um nicht während der Genehmigungs- und Bauphase nachjustieren zu müssen. Dies hätte negative Auswirkungen auf das Genehmigungsverfahren und damit Verzögerungen zur Folge.

Uwe Czier
tätig bei der Stadtverwaltung Stuttgart in unterschiedlichen Funktionen in den Bereichen Öffentliche Sicherheit, Straßenrecht und allgemeine Verwaltung

[5] Vgl. § 15 Abs. 1 Baunutzungsverordnung

Neue, umgebaute und modernisierte Bauhöfe

Von der Planung bis zur Umsetzung –
16 Beispiele aus dem deutschsprachigen Raum

Stadtpflege Amstetten: Zentraler Standort im Westen Niederösterreichs

Bild 1: *Im Herbst 2023 wurde der zentrale Standort fertig. (Quelle: Stadt Amstetten)*

Im niederösterreichischen Amstetten waren die Mitarbeitenden der Stadtpflege auf drei Bauhöfe (je einer pro Ortsteil) verstreut.

Um alles auf einem zentralen Gelände zu vereinen, wurde ein neuer Betriebshof gebaut. Das Grundstück wurde gewählt, da zwei Drittel der Fläche bereits im Besitz der Stadtgemeinde waren.

Zahlen und Fakten zum neuen Bauhof

- Spatenstich: 13.10.2022
- erster Arbeitstag: 04.12.2023
- Fläche Gesamtgrundstück: 25.000 m^2

Adresse

Stadtpflegestraße 4
3300 Greinsfurth
Österreich

Hauptaufgabenfelder der Stadtpflege

- Abfallwirtschaft
- Waldbewirtschaftung
- Grünraumpflege und Winterdienst
- Gebäudeinstandhaltung

Personal bei der Stadtpflege

72 Mitarbeitende

Der zeitliche Ablauf

- 2020: erste Pläne für den Umbau/Vergabeverfahren
- 2021/2022: Ausschreibungsphase

Bauwerk-Rohbau

- 31.10.2022 – 20.08.2023: Baumeisterarbeiten (Baustelleneinrichtung, Versickerungsanlagen, Bodenplatte Trafogebäude, Bürogebäude, Erd-

arbeiten/Kanal, Fahrzeughalle, Waschbox, Tankstelle, Einzelfundamente etc.)
- 13.02.2023 – 04.08.2023: Hallenbau Dach- und Wandverkleidung (Fahrzeughalle, Magazin/Werkstatt, Splittlager, Carport, Waschbox, Tankstelle)
- 11.03.2023 – 20.09.2023: Alufenster und Türen (Bürogebäude)
- 23.05.2023 – 31.07.2023: vorgehängte Fassade (Bürogebäude)
- 13.02.2023 – 03.07.2023: konstruktiver Stahlbau (Bürogebäude, Fahrzeughalle, Magazin/Werkstatt, Carport, Waschbox, Tankstelle)
- 17.04.2023 – 11.08.2023: Sonnenschutz (Bürogebäude)

Bauwerk-Technik
- 14.11.2022 – 18.09.2023: Elektroinstallation (Bürogebäude, Fahrzeughalle/Heizung, Werkstatt/Magazin, Nebengebäude)
- 20.03.2023 – 04.09.2023: HLKS-Installation (Bürogebäude, Fahrzeughalle/Heizung, Werkstatt/Magazin, Waschbox)
- 02.08.2023 – 16.08.2023: Aufzugsanlagen
- 12.06.2023 – 14.06.2023: Krananlagen
- 04.09.2023 – 08.09.2023: Tankanlage

Bauwerk-Ausbau
- 17.04.2023 – 22.08.2023: Trockenbauarbeiten (Bürogebäude)
- 04.07.2023 – 08.09.2023: Malerarbeiten (Bürogebäude)
- 17.07.2023 – 18.09.2023: Fliesenlegerarbeiten (Bürogebäude)
- 07.09.2023 – 22.09.2023: Bodenlegerarbeiten (Bürogebäude)
- 15.05.2023 – 10.10.2023: Glasgeländer

Bild 2: *Auf dem neuen Gelände sind nun alle Mitarbeitenden zusammen, statt wie vorher auf drei Standorte verteilt. (Quelle: Stadt Amstetten)*

Bild 3: *Der Empfang im Eingangsbereich. (Quelle: Stadt Amstetten)*

- 09.05.2023 – 06.10.2023: Systemtrennwände
- 23.09.2023 – 29.09.2023: Innentüren

Einrichtung
- 19.06.2023 – 21.06.2023: Montagegrube
- 25.09.2023 – 06.10.2023: Waschboxeinrichtung

Außenanlagen
- 03.07.2023 – 13.10.2023: Bauhoffläche und Parkplatz
- 09.10.2023 – 10.10.2023: Schiebetor
- 25.09.2023 – 13.10.2023: Zaunanlagemontage

Veranschlagte Kosten

15,9 Mio. Euro exkl. Mwst.

Tatsächliche Kosten

15 Mio. Euro exkl. Mwst.

Verantwortliches Architekturbüro

PSB Planung Statik Bauleitungs GmbH (Generalplaner)
Waidhofner Straße 18
3332 Rosenau am Sonntagberg
Österreich
www.psb-gmbh.at
office@psb-gmbh.at
+43 7448 3130

Beteiligte Firmen
- Gobli GmbH (Am Eisernen Tor 3/III, 8010 Graz)
- Baumeister Kern GmbH (Römerweg 15, 3321 Ardagger)
- Zehetgruber + Laister ZT GmbH (Statzenberggasse 21, 3910 Zwettl)
- Josef Lehner GmbH (Südlandstraße 1, 3300 Amstetten)

Bild 4: *Der Besprechungsraum. (Quelle: Stadt Amstetten)*

- Pabst GmbH (Neufeld 2, 3361 Aschbach)
- Silver Star Stahlbau GmbH (Siebending 39, 9433 St. Andrä)
- Concept 3 (Bahnhofstraße 4/20, 3300 Amstetten)
- Leitner Installations GmbH (Graben 47, 3365 Allhartsberg)
- IMK Elektrotechnik (Weidestraße 10, 3300 Amstetten)
- Gottwald GmbH & Co. KG (Solarstraße 9, 3390 Melk)
- Haberhauer Spengler GmbH (Boog-Straße 3, 3362 Amstetten-Mauer)
- Haberhauer Dachdeckerei GmbH (Boog-Straße 3, 3362 Amstetten-Mauer)
- E+H Trockenbau GmbH (Industriestraße A6, 2345 Brunn am Gebirge)
- Malermeister Nemec (Goethestraße 14, 3300 Amstetten)
- Johannes Höglinger – Tapeziermeisterbetrieb (Freisingerstraße 13, 3363 Ulmerfeld-Hausmening)
- Konecranes and Demag Ges.m.b.H. (Rennweg 87, 2345 Brunn am Gebirge)
- SMGE GmbH (Gewerbepark Straße 14, 4615 Holzhausen)
- Pabst Holzverarbeitungsgesellschaft m. b. H. (Gewerbepark 10, 3361 Aschbach Markt)
- Lanzinger Bau- u. Möbeltischlerei (Hummelweg 9, 3313 Wallsee)
- Tor.support GmbH (Pelikanstraße 3, 4055 Pucking)
- Baumgartner Metallbau GmbH (Dorf 11, 4680 Haag am Hausruck)
- Porr Bau GmbH (Absberggasse 47, 1100 Wien)
- Baumann Glas 1886 GmbH (Gewerbepark 10, 4342 Baumgartenberg)
- Sign7 GmbH (Mitterfeldstraße 9/4, 3300 Amstetten)
- Schindler Aufzüge und Fahrtreppen GmbH (Schatzdorferstraße 9, 4030 Linz)
- Fuchsberger GmbH (Südlandstraße 4, 3362 Amstetten-Mauer)

Bild 5: *Stiegenaufgang unten, ... (Quelle: Stadt Amstetten)*

Bild 6: *... Stiegenaufgang oben. (Quelle: Stadt Amstetten)*

Die Gebäude am neuen Areal

- Verwaltungsgebäude
- Werkstatt
- Magazin
- Lager
- Halle Häckselgut/Splitt + Fahrzeughallen

Während der Bauphase

Besondere Schwierigkeiten gab es nicht. Die Kommunikation zwischen Kommune, Architekten und Bauhof lief über wöchentliche Baubesprechungen. Die Arbeitsschutz- und Sicherheitsmaßnahmen entsprechen den Vorschriften von ÖNORM und BauKG.

Besonderheiten

- Gebäude/Einrichtung ist nun auf dem neuesten Stand der Technik
- Lkw-Waschbox
- Tischlerei
- Werkstatt
- 500 kWp-Anlage auf dem Dach
- Gründach

Bild 7: *Terrasse (Quelle: Stadt Amstetten)*

- Dach- und Oberflächenentwässerung am eigenen Grundstück
- vorgehängte Fassaden

Nach der Fertigstellung

Die Öffentlichkeit wurde über die Zeitung und die Homepage auf dem Laufenden gehalten. Zudem gab es eine Eröffnungsfeier und später einen Tag der Offenen Tür. Das Feedback der Mitarbeitenden fällt positiv aus. Die Arbeitsabläufe sind am neuen Gelände vereinfacht und Maschinen und Mitarbeitende können effizienter arbeiten.

Stadtgemeinde Amstetten

- Einwohner: ca. 24.000
- Fläche: ca. 52 km^2

Kontakt

Stadtgemeinde Amstetten
Rathausstraße 1
3300 Amstetten
Österreich
stadtamt@amstetten.at
+43 7472 601 0

***Bild 8:** Die neue Werkstatt. (Quelle: Stadt Amstetten)*

ENERGIE IM KREISLAUF DER NATUR
Heizomat®
INNOVATIVE HOLZHEIZSYSTEME
von 25 bis 2.500 kW für Hackgut, Pellets und Späne
Besuchen Sie unsere Heizomat - Welt
dem Kompetenzzentrum
für Holzheiz- und Hacktechnik
PROFESSIONELLE
HOLZHACKMASCHINEN
hand- oder kranbeschickt
INDIVIDUELLE BEFÜLLSYSTEME
für Hackgut
HEIZOMAT - Gerätebau + Energiesysteme GmbH
Maicha 21 • 91710 Gunzenhausen
Tel.: 09836 97 97 - 0 • www.heizomat.de/messen

Bauhof Stadt Burgdorf: Synergien mit Kläranlage

***Bild 1:** Der Bauhof Burgdorf soll treibhausneutral werden und wird von der Region Hannover finanziell gefördert. (Quelle: Stadt Burgdorf)*

Der Baubetriebshof der Stadt Burgdorf in der Region Hannover gliedert sich im Wesentlichen in zwei Bereiche: zum einen die Unterhaltung der Grünpflege inkl. Überprüfung der Spielplätze, Friedhöfe und Bäume, zum anderen die Unterhaltung der Straßen, Wege und Plätze samt Verkehrsbeschilderung sowie der Straßenreinigung und dem Winterdienst.

Seit 2005 wurde überlegt, die beiden Altstandorte zusammenzulegen. Diese hätten nur sehr teuer saniert werden können. Zudem wäre es nicht möglich gewesen, für den Gärtnerbauhof Baurechte zu erhalten, da dieser in einem Wohngebiet liegt.

Von der Zusammenlegung auf neuem Gelände werden Synenergieeffekte mit der städtischen Kläranlage und dem städtischen Abfallzwischenlager erwartet. Deshalb wurde die Fläche gegenüber dieser Einrichtungen als geeignet empfunden. Darüber hinaus besteht mit der Osttangente eine gute verkehrliche Anbindung zu den Ortsteilen und in das Stadtgebiet. „Wir haben jahrzehntelang auf den Neubau gewartet, der dazu beiträgt, dass unsere Mitarbeitenden angemessene und moderne Arbeitsbedingungen bekommen", sagte Bürgermeister Armin Pollehn der Hannoverschen Allgemeinen.

Der Bauhof soll mindestens treibhausgasneutral betrieben werden. Dafür sorgen sollen die Synergien mit der Kläranlage, die neue Photovoltaikanlage und eine Holzhackschnitzelheizung in Verbindung mit der Kläranlage. Die Region Hannover fördert das Projekt mit 100.000 Euro. In Zukunft soll auch der Fuhrpark auf Elektroantrieb umgestellt werden.

Der neue Bauhof Burgdorf befindet sich derzeit noch im Bau und soll 2025 fertig werden.

Zahlen und Fakten zum neuen Bauhof

- Gesamtgrundstück: 24.500 m^2
- Grundfläche Gebäude: 17.411 m^2

Adresse

Dachtmisser Weg 36
31303 Burgdorf

Hauptaufgaben

- Straßenreinigung
- Winterdienst (mit Fahrzeugen und Handkolonnen)
- Papierkorbleerung
- Bereitschaftsdienst für Beseitigung von Verkehrsgefährdungen
- Kontrollen der Straßen und Gehwege

- Reparaturen kleinerer Schäden an Wegebelägen, Asphalt, Gossen
- Stabilisierung der Straßenseitenräume mit Schotter
- Unterhaltung landwirtschaftlicher Wege
- Aufstellen von Schildern und Pollern, Einbau von Absperrbügeln
- Umsetzen verkehrsbehördlicher Anordnungen für Veranstaltungen im öffentlichen Verkehrsraum
- Arbeiten für städtische Liegenschaften (Rathaus, Feuerwehr, Schulen, Kitas usw.)
- Wartung und Unterhaltung des Kanalnetzes (inkl. Bereitschaft für Kanalverstopfungen)
- Spielplatzkontrolle
- Baumkontrolle und Grünpflege
- Abfallsammlung auf städtischen Flächen
- Laubkehren
- Kontrolle und Reparatur von Bänken
- Unterhaltung der städtischen Sportplätze
- Friedhofsunterhalt (Beisetzungen, Grabsteinkontrolle)
- Reparatur/Wartung des städtischen Fuhrparks

Personal am Bauhof

64 Mitarbeitende, davon 7 im Büro

Der zeitliche Ablauf

- 2005: erste Überlegungen, die zwei Bauhofstandorte zusammenzulegen
- 2017: Untersuchung der zwei Altstandorte, ob dort Zusammenführung der Bauhöfe möglich wäre. Die Analyse machte deutlich, dass ein neuer Standort notwendig ist.
- 2019: Machbarkeitsstudie für drei Grundstücke gegenüber der städtischen Kläranlage. Diese ergab, dass die drei Grundstücke ausreichend Platz für einen neuen Bauhof bieten. Es wurde anschließend eine Wirtschaftlichkeitsuntersuchung in Auftrag gegeben, die die wirtschaftlichste Beschaffungsart ermittelte. Es wurde ein TÜ-Modell vorgeschlagen.
- Anfang 2020: Einleitung Bauleitplanverfahren
- Mitte 2021: Rechtskraft Bauleitplanung
- Mitte 2022: Start des EU-weiten Vergabeverfahrens zur Ermittlung des Totalübernehmers
- Oktober 2023: Auftragsvergabe
- Mitte Januar 2024: Baubeginn
- 29.05.2024: Grundsteinlegung
- 22.08.2024: Richtfest
- Herbst 2025: voraussichtliche Fertigstellung

Der Einzug in den neuen Bauhof ist bis spätestens Ende Oktober 2025 geplant.

Spezifische Vorgaben

- Schwarz/Weiß-Bereich für den Spülwagen
- Salzsilo und Soleanlage
- Photovoltaikanlage
- KfW-40-Standard für Verwaltungsgebäude
- gemeinsamer Energieverbund mit der benachbarten Kläranlage
- energieautarkes Verwaltungsgebäude

Besonderheiten

- Energieverbund mit der gegenüberliegenden städtischen Kläranalage
- Strom- und Wärmeüberschuss der Kläranlage aus Klärgas für den Bauhof sowie Stromüberschuss des Bauhofs aus PV für die Kläranlage. Durch den vorhandenen Klärgasspeicher ist eine Energiespeicherung möglich und steuerbar.
- Holzhackschnitzel-Heizung vorgesehen (dort soll städtisches Holz, das im Rahmen der Gehölzpflege anfällt, genutzt werden)

Veranschlagte Kosten

Wirtschaftlichkeitsuntersuchung Mai 2022: 23 Mio. Euro

Tatsächliche Kosten

finales Angebot, bisher keine zusätzlichen Kosten: 24,8 Mio. Euro

Verantwortliches Architekturbüro

htm.a Hartmann Architektur GmbH
Walter-Gieseking-Straße 14
30159 Hannover
https://htm-a.com
info@htm-a.com
+49 511 39 76 00

Beteiligte Firmen

Depenbrock Partnering GmbH & Co. KG, 33605 Bielefeld: Totalübernehmer

Die Gebäude am neuen Bauhof

- Verwaltungsgebäude mit 1. OG
- Fahrzeughalle warm
- Fahrzeughalle kalt
- überdachte Waschplätze und Winterdienstbereich
- überdachte Unterstellmöglichkeiten für Anhänger und Anbaugeräte
- Energiekonzept mit Faulgas-BHKW, PV-Anlage und Holzhackschnitzelkessel

Während der Bauphase

Die Materialversorgung lief bislang problemlos. Auch sonst stieß man beim Neubau auf keine Probleme. Die Kommunikation zwischen Kommune, Architekten, Totalübernehmer und Bauhof verläuft sehr gut.

Da im Vergabeverfahren Einsparungen erforderlich wurden, kann am Bauhof Burgdorf nicht alles umgesetzt werden, was ursprünglich angedacht war. Verzichtet werden muss z. B. auf begrünte Dächer und es gibt weniger überdachte Unterstellmöglichkeiten, Büros und befestige Lagerflächen. Zudem haben die Hallen keinen Betonboden, sondern Pflasterbauweise. Auch die geplante „intelligente Beleuchtung" wird nicht eingerichtet.

Fuhrpark

- Spülwagen
- kleine Kehrmaschine Campact 200+Swingo
- große Kehrmaschine MB Atego
- 2 Unimog 423/400 mit Schneeschild und Streuer
- 2 Multicar/Hansa mit Schneeschild und Streuer
- 17 Mercedes/Iveco/Crafter Doppelkabine mit Kipper
- 2 Renault Kangoo (E-Auto)
- 1 Nissan Visia 2.3 dCi
- 4 Piaggio/Pfau Unijet II mit Schneeschild und Streuer
- 3 Kommunaltraktoren mit Schneeschild und Streuer
- 2 Großflächenmäher
- 2 Geräteträger mit Mähwerk, Schneeschild und Streuer
- 2 Aufsitzmäher Grillo FD2200
- Friedhofsbagger Hansa
- Minibagger
- 2 Radlader Weidemann RL24/Volvo
- 3 Wasserwagen als Anhänger
- 3 Anhänger für Traktor
- 7 Anhänger für Unimog, Crafter etc.
- Kompressor Kaeser
- Walze Hamm HD 8VV
- Hubsteiger Omne Lift 25 m
- 2 Buschhacker Schliesing
- Parkland-Mähcontainer Combi-Trailer
- Laubsaugwagen Fischer Fliegel
- 39 Anbaugeräte (z. B. Mähwerke, Fräsen, Düngerstreuer, Rasenstriegel, Besen, Wurzelbürste, Schaufeln, Frontlader)

Stadt Burgdorf

- Einwohner: ca. 31.000
- Fläche: 112,3 km^2

Kontakt

Claudia Vollmert
Tiefbau
Stadt Burgdorf
Vor dem Hannoverschen Tor 27
31303 Burgdorf
+49 5136 898 125
vollmert@burgdorf.de
www.burgdorf.de

Feuerwehrwissen, das dich im Einsatz wirklich weiterbringt.
© Sven Grundmann – stock.adobe.com
Stark bleiben: Mentale Belastungen im Feuerwehrdienst S. 14
FEUERWEHR
RETTEN · LÖSCHEN
Besser sichtbar: Über 50 Jahre leuchtrote Fahrzeuge
Technische Hilfeleistung
Übungen gut gestalten S. 26
Schwer kontrollierbar
Brandausbreitung in Häuserreihe S. 6
Spezialeinheit VOST
Vorteile im Einsatz durch Social Media S. 14
Vorausfahrzeug der FF Schuby
All-in-One-Lösung für den Erstangriff S. 30
Umweltschutz
Erheblicher Sachschaden
Brand des Bauhofs in Dinkelsbühl S. 6
Fahren im Überflutungsbereich
Wasserdurchfahrts- und Watfähigkeit beachten S. 30
✓ Einsatz
✓ Ausbildung
✓ Technik
Hol dir dein Probeheft:
www.feuerwehr-ub.de/schnuppern

Bauhof Dösingen: Kran, Hebebühne und Tankstelle

Bild 1: *Der Bauhof in Dösingen dient als Kreisbauhof für den Landkreis Ostallgäu. (Quelle: Rainer Retzlaff)*

Dösingen ist ein Ortsteil des bayerisch-schwäbischen Westendorfs. Seit 2020 gibt es hier den neuen Bauhof. Dieser dient dem Landkreis Ostallgäu als Kreisbauhof. Der bisher im Ortsbereich Westendorf gelegene Bauhof wurde durch den größeren Neubau am südlichen Ortsrand in Dösingen ersetzt. Der Bauhof beinhaltet einen Verwaltungsbereich mit Büros und Betriebsräumen für die Mitarbeitenden, eine Werkstatthalle, eine Fahrzeughalle, eine Lagerhalle sowie eine Salzlagerhalle.

Zahlen und Fakten zum neuen Bauhof

- Spatenstich: 19.10.2018
- Gesamtgrundstück: 10.796 m^2
- Bauhoffläche: 3.798 m^2
- Ausgleichs-/Parkflächen: 3.439 m^2
- Grundfläche Gebäude: 3.465 m^2
- Geschossfläche: 3.819 m^2
- Bruttorauminhalt: 30.630 m^3

Adresse

Am Heuweg 1
87679 Westendorf-Dösingen

Bild 2: *Auf dem Gelände befinden sich der Verwaltungsbereich, eine Werkstatthalle, eine Fahrzeughalle, eine Lager- und eine Salzlagerhalle. (Quelle: Rainer Retzlaff)*

Bild 3: *Alle Hallen (hier Salzlagerhalle) sind freitragend. (Quelle: Rainer Retzlaff)*

Bild 4: *Im Verwaltungsgebäude befinden sich Büros und Betriebsräume für Mitarbeitende. (Quelle: Rainer Retzlaff)*

Grober Ablauf

- ab Juni 2017: Planungsphase
- Februar 2019 – Juni 2020: Bauzeit

Der Bauantrag erfolgte auf Grundlage eines vorhabenbezogenen Bebauungsplans.

Vorgaben für den Bau

- Integration eines Krans
- Hebebühne in der Werkstatt
- Waschhalle mit Tankstelle

Der neue Bauhof

Auf dem weitestgehend ebenen Grundstück ist der Bauhof in zwei parallel liegenden Baukörpern angeordnet, die jeweils ein Satteldach erhalten. Das Layout ist bestimmt durch die Arbeitsabläufe, Fahrzeugbewegungen und den Schallschutz gegenüber den Betriebswohnungen im Norden. Ein Grünstreifen entlang der Straße ermöglicht Einblicke in den Werkhof.

Zur Be- und Entladung bietet sich hier ausreichend Platz für Fahrzeugbewegungen, ohne den Werkhof zu blockieren. Südlich und östlich der Maschinenhalle befinden sich das Baustofflager und die Sammelstellen für die Entsorgung, die ebenfalls ideal anzufahren sind.

Vor dem Eingangstor ist ausreichend Platz für wartende Lkw. Der nördliche Baukörper beinhaltet den zweigeschossigen Verwaltungsteil, eine Werkstatt mit Waschhalle sowie eine Fahrzeughalle.

Die südliche Halle teilt sich in eine niedrigere Lagerhalle und eine höhere Salzlagerhalle. Beide Baukörper sind so angeordnet, dass eine spätere Erweiterungsmöglichkeit besteht.

Alle Fahrzeuge und Lagerbereiche sind in freitragenden Hallen untergebracht, um möglichst flexibel zu sein. Die temperierte Fahrzeughalle bildet mit der gegenüberliegenden unbeheizten Lager- und Maschinenhalle den Werkhof mit 25 m Tiefe.

Verantwortliches Architekturbüro

f64 Architekten und Stadtplaner GmbH
Füssener Straße 64
87437 Kempten
www.f64architekten.de
info@f64architekten.de
+49 831 960168-0

Beteiligte Firmen

- IGS Ingenieurgesellschaft Allgäu, Marktoberdorf (Tragwerksplanung)
- Ingenieurbüro Schötz, Dietmannsried (Haustechnik)
- Körbl + Feneberg, Füssen (Elektroplanung)
- Anwander-Waldmann, Sulzberg (Brandschutz)
- Horstmann + Berger, Altensteig (Bauphysik)

Gebäude auf dem Gelände

- Werkstatt
- Fahrzeughalle
- Lagerhalle
- Salzlagerhalle
- Verwaltungsbereich mit Büros und Betriebsräumen für die Mitarbeitenden

Konstruktion und Umsetzung

Bauherr war der Landkreis Ostallgäu. Das Projekt wurde mit Bauherren-Vertretern aus dem Landratsamt entwickelt.

Es gab diverse Abstimmungen des Architekturbüros und der ausführenden Firmen mit den Nutzern.

***Bild 5:** Die Salzhalle ist zum größten Teil aus Holz, auf Stahlbeton wurde weitestgehend verzichtet. (Quelle: Rainer Retzlaff)*

Der Landkreis setzt auf Nachhaltigkeit, insbesondere bei dem Einsatz von Baustoffen. Der Verwaltungsteil ist als reiner Holzbau in Holzständerbauweise mit Brettstapeldecke umgesetzt.

Die restlichen Hallenteile werden durch Leimbinder überspannt, die auf Holzstützen und auf FT-Stahlbetonstützen lagern. Die Holzstützen stehen dabei auf einem Stahlbetonsockel, der den Anprallschutz für Fahrzeuge gewährleistet.

Aufgrund des schädlichen Salzeintrags wird bei der Konstruktion der Salzhalle weitestgehend auf Stahlbeton verzichtet und bis auf den Anprallsockel und die Brandwand hauptsächlich Holz als Baumaterial verwendet. Die Stahlbetonflächen sind im Innenraum mit Holz verkleidet.

Auch auf die Aspekte der Arbeitssicherheit wurde geachtet: Auf dem Gelände befinden sich ein Gefahrstofflager und -schränke sowie eine Absturzsicherung aus dem Lager im 1. Obergeschoss mit Persönlicher Schutzausrüstung (PSA) für die Mitarbeitenden.

Gemeinde Westendorf

Einwohner: ca. 2.000
Fläche: 11,93 km^2

Kontakt

f64 Architekten und Stadtplaner GmbH
Füssener Straße 64
87437 Kempten
www.f64architekten.de
info@f64architekten.de
+49 831 960168-0

Bauhof Gemeinde Dotternhausen: Neubau für vier Mitarbeitende

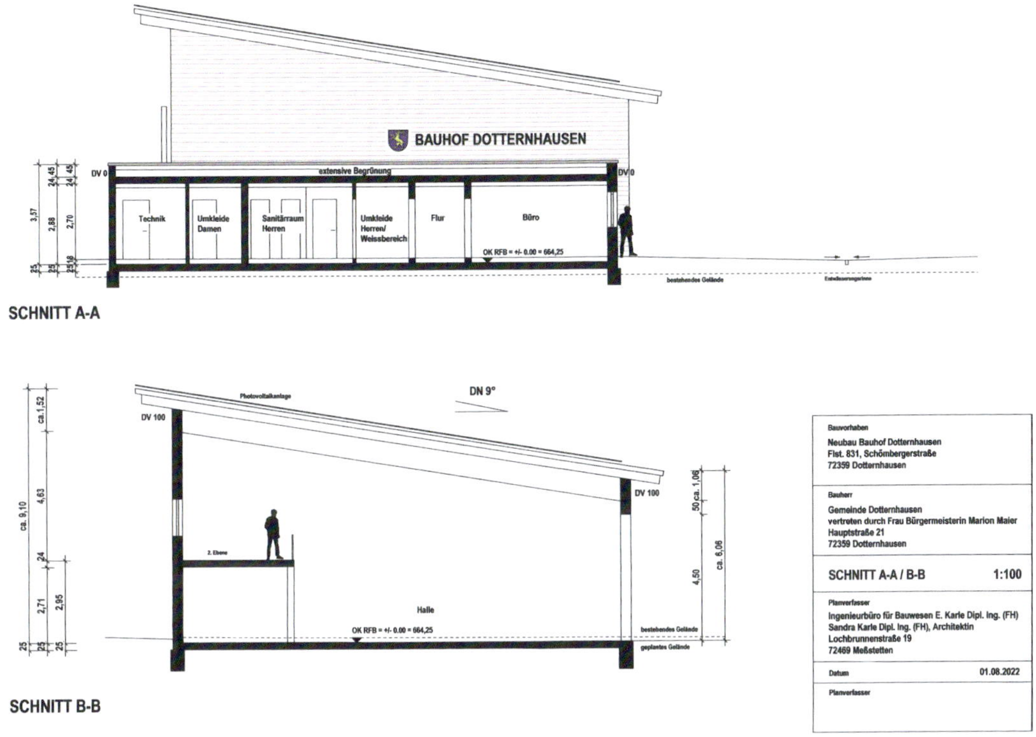

Bild 1: *Der Neubau ist noch nicht abgeschlossen. Schnitt im Maßstab 1:100. (Quelle: Ingenieurbüro für Bauwesen E. Karle)*

Im baden-württembergischen Dotternhausen wird ein neuer Bauhof errichtet. Der bisherige ist in verschiedenen Gebäuden untergebracht, zudem reichen Verwaltungs-, Sanitär- und Sozialräume nicht mehr. Der größere Neubau ist zentralisiert. Der Standort wurde gewählt nach der Anbindung an den Ort, der Grundstücksbeschaffenheit und Eigentumsverhältnisse.

Büro- und Sozialgebäude

- Grundfläche: 148 m^2
- Bruttorauminhalt: 564 m^3
- L x B: 31,68 x 16,75 m

Fahrzeughalle

- Grundfläche: 529 m^2
- Bruttorauminhalt: 4.144 m^3
- L x B: 18,75 x 8,16 m
- Pultdach

Adresse

Schömberger Straße 24
72359 Dotternhausen

Hauptaufgabenfelder des Bauhofs

- Straßen- und Kanalnetzinstandhaltung
- Pflege von Grünanlagen und Sportplätzen
- Gewässeraufsicht
- Baumkontrolle
- Friedhofpflege und -kontrolle
- Winterdienst
- Gebäudeunterhaltung
- Wasserversorgung (Rohrbrüche beheben, Wasseruhren tauschen)

Personal am Bauhof

4 Mitarbeitende

Der zeitliche Ablauf

- 2020: Beginn der konkreten Planung
- 2020: Grundstückssuche
- 2021: Grundstücksfestlegung und Vorplanung
- 2022: Förderanträge, Voruntersuchungen, Bauantrag
- 2023: Baugenehmigung
- Mai 2023: Beginn der Ausschreibungen
- September 2023: Baubeginn

Da sich die Verantwortlichen bereits im Vorfeld viel mit den Genehmigungsbehörden abgestimmt haben, verlief das Genehmigungsverfahren problemlos.

Spezifische Vorgaben

- Trennung Schwarz-/Weißbereich
- Geschlechtertrennung
- Photovoltaikanlage
- E-Tankstellen
- CO_2-speichernde Holzbauweise
- Barrierefreiheit

Besonderheiten

- alle Geräte und Maschinen an einem Ort
- Boxen für Sand, Splitt, Schotter usw.
- ökologische Holzbauweise des Verwaltungsgebäudes
- Pelletheizung

Veranschlagte Kosten

3 Mio. Euro

Tatsächliche Kosten

Der Neubau ist noch nicht abgeschlossen.

Verantwortliches Architekturbüro

Dipl.-Ing. Erhard Karle, Ingenieurbüro für Hoch-, Tiefbau und Statik
Lochbrunnenstraße 19
72469 Meßstetten
+49 7436 1223
e.karle@t-online.de

Beteiligte Firmen

- m.projektentwicklung / Rainer Mänder, 72458 Albstadt: Unterstützung hinsichtlich Grundstückssuche, Baurecht und Baugenehmigung
- Berger GmbH, 72469 Meßstetten: Tiefbau
- Stotz Bau GmbH & Co. KG, 72336 Balingen: Maurerarbeiten
- Holzbau Schlude, 72469 Meßstetten: Zimmerarbeiten und Metalldach
- Elektrotechnik Hörter und Jenter, 72336 Balingen: Elektroarbeiten
- Schmidt Bauwerktechnik, 72359 Dotternhausen: Dachabdichtung
- Ernst Sauter GmbH & Co. KG, 72469 Meßstetten: Heizung- und Sanitärinstallation
- Fensterbau Leopold GmbH & Co KG, 72348 Rosenfeld: Verglasungsarbeiten
- Dietmar Huonker Gipser u. Stuckateur GmbH, 72348 Rosenfeld: Stukkateurarbeiten
- Fox Tortechnik e. K., 88630 Pfullendorf: Sektionaltore
- Dilger Estrich GmbH, 78532 Tuttlingen: Estricharbeiten

Die Gebäude am neuen Bauhof

- Verwaltungsgebäude
- Werkstatt und Pultdachhalle
- Materialboxen

Gemeinde Dotternhausen

Einwohner: ca. 1.830
Fläche: 10,01 km²

Kontakt

Marion Maier
Bürgermeisterin
Gemeinde Dotternhausen
Hauptstraße 21
72359 Dotternhausen
+49 7427 9405 11
buergermeister@dotternhausen.de
www.dotternhausen.de

***Bild 2:** Ansichten Materialboxen. (Quelle: Ingenieurbüro für Bauwesen E. Karle)*

Technische Betriebe der Stadt Greven: Kein Tetris mehr nötig

Bild 1: *In Greven sind nun Bau- und Wertstoffhof auf einem Gelände. (Quelle: Technische Betriebe Greven)*

In Greven im nördlichen Münsterland (NRW) konnte man im Sommer 2022 in den neuen Bauhof einziehen.

Auf dem Gelände befindet sich zusätzlich zum Bauhof auch der Wertstoffhof, für den die Technischen Betriebe der Stadt Greven ebenfalls zuständig sind.

Zahlen und Fakten zum neuen Bauhof

- Spatenstich: Januar 2021
- erster Arbeitstag: 15.06.2022
- Fläche Bauhof: 11.137 m^2
- Gesamtfläche: 14.740 m^2

Adresse

Industriegebiet, Up'n Nien Esch 2a
48268 Greven

Hauptaufgabenfelder der Technischen Betriebe

- Straßenunterhaltung
- Grünflächenunterhaltung
- Stadtreinigung
- Winterdienst
- Wertstoffhof
- Hochwasserschutz
- Tischlerei
- Kfz-Werkstatt und Schlosserei

Personal

- 58 Mitarbeitende in der Belegschaft
- 11 Mitarbeitende in der Verwaltung

Der zeitliche Ablauf

Erste Pläne für einen Neubau bestanden in Greven bereits seit den 1990er-Jahren. 2015 wurden die Planungen konkret.

Bild 2: Das Verwaltungsgebäude während der Bauphase. (Quelle: Technische Betriebe Greven)

Bild 3: Die Technischen Betriebe Greven bestehen seit 2014. (Quelle: Technische Betriebe Greven)

Bauabschnitt 1: Bau eines Wertstoffhofs

- Februar 2015: Beschluss zur Aufstellung einer Machbarkeitsstudie und Erstellung einer Vorplanung für den Bau und Betrieb eines Wertstoffhofs
- Dezember 2015: Beschluss zum Erwerb eines geeigneten Grundstücks und Erarbeitung einer Ausführungsplanung
- Februar 2016: Grundsatzbeschluss zur Errichtung eines kommunalen Wertstoffhofs
- 2017: Erwerb eines Grundstücks und Rückbau der vorherigen Nutzung (Logistik, Lager)
- 2018: Baubeschluss für Wertstoffhof
- November 2018: Baugenehmigung
- 1. Quartal 2019: Ausführungsplanung
- 2. Quartal 2019: Baubeginn
- 01.01.2020: Inbetriebnahme und Eröffnung

Bauabschnitt 2: Bau eines Baubetriebshofs

- September 2018: Beschluss zum Einstieg in die Objektplanung
- Dezember 2018: Bedarfsermittlung aus der vorliegenden Konzeptplanung unter Beteiligung einer Planungsgruppe aus der Belegschaft
- April 2019: Beschluss, Freigabe Vorentwurf für Grundlage der Genehmigungsplanung
- Oktober 2019: Antrag auf Baugenehmigung
- Dezember 2019: Baugenehmigung, Beschluss für den Neubau des Baubetriebshofs
- 2. – 3. Quartal 2020: Ausführungsplanung
- 3. – 4. Quartal 2020: Ausschreibung
- 1. Quartal 2021: Baubeginn
- Juni 2022: Fertigstellung und Einzug

Gründe für den Neubau

- Der alte Standort bestand bereits seit den 1950er-Jahren und bot keinen Raum für Erweiterungen.
- Es mussten zusätzliche Hallen angemietet werden, das verschlechterte die Produktivität.
- Die zu kleine Kfz-Werkstatt zwang zu vielen Fahrten zu externen Werkstätten, was Ausfallzeiten erhöhte und die Produktivität minderte.
- Die provisorischen Aufenthalts- und Sozialräume hatten ihren Nutzungszeitraum überschritten.
- Die Stadt Greven ist erheblich gewachsen – und damit auch die Aufgaben des Baubetriebshofs.

Spezifische Vorgaben

- Bau- und Wertstoffhof auf einem Grundstück
- gute Verkehrsanbindung, funktionale Bauweise
- moderne und großzügige Arbeitsplätze in der Tischlerei und Kfz-Werkstatt
- großzügige Flächen, um alle Fahrzeuge unabhängig voneinander nutzen zu können
- wirtschaftliche Bauweise, strenge Vorgabe bei den Baukosten
- Industriestandard

Veranschlagte Kosten

5,85 Mio. Euro (nur Baubetriebshof)

Tatsächliche Kosten

6,5 Mio. Euro (nur Baubetriebshof)

Verantwortliches Architekturbüro

IWA Ingenieurgesellschaft für Industriebau, Wasser- und Abfallwirtschaft mbH
Münsterstraße 111
48155 Münster
www.iwambh.de
iwa@iwambh.de
+49 2506 30888-0

Bild 4: *3D-Übersicht des neuen Geländes in Greven. (Quelle: IWA Ingenieurgesellschaft für Industriebau, Wasser- und Abfallwirtschaft mbH)*

Beteiligte Firmen

- Austrup Ingenieure (Vennweg 92, 48282 Emsdetten)
- Ingenieurgemeinschaft Eriksen (Cloppenburger Straße 200, 26133 Oldenburg)
- OWS Ingenieurgeologen GmbH & Co. KG (Zum Wasserwerk 15, 48268 Greven)
- Franke Beratende Ingenieure für Brandschutz PartG mbB (Bronnerstraße 7, 44141 Dortmund)
- Bien & Schütte GmbH + Co. KG (Alte Münsterstraße 20, 48268 Greven)
- Herr Eckermann (Inselgarten 38, 48151 Münster)
- Technisches Büro Eixler Vermessung und Abrechnung (Kerkstiege 24b, 48268 Greven)
- Franz Büter GmbH & Co. KG (Bahnhofstraße 50, 48607 Ochtrup)
- Huke + Co. GmbH (Alter Postweg 191, 48599 Gronau)
- Venschott Fenstersysteme GmbH (Bövemannstraße 2e, 48268 Greven)
- H. Klövekorn GmbH (Am alten Sportplatz 48, 49638 Nortrup)
- Hollenbrock (Münsterstraße 109a, 48268 Greven)
- Vorwerk GmbH (Hellegraben 27, 48231 Warendorf)
- Große Wächter GmbH (Wolbecker Windmühle 53, 48167 Münster)
- J. Lehde GmbH (Sassendorfer Weg 8, 59494 Soest)
- Wolters GmbH (Brochterbecker Damm 51, 48369 Saerbeck)
- Oevermann Verkehrswegebau GmbH (Elbestraße 60, 49090 Osnabrück)
- Erich Wermeyer Zaunbau GmbH (Fuggerstraße 16, 49479 Ibbenbüren)
- Fa. WdeR Fußbodenstudio GmbH (Ferdinand-Braun-Straße 1, 46399 Bocholt)
- Fa. Jürgen Gerwing Fliesenverlegung (Deventerweg 31, 48683 Ahaus)
- Fa. BEWE Stahl- und Metallbau GmbH & Co. KG (Anni-Albers-Straße 25, 48282 Emsdetten)
- Fa. Malergeschäft Nölle (Junker-Voß-Straße 16, 59320 Ennigerloh)
- Fa. Venschott (Gutenbergstraße 25, 48268 Greven)
- Fa. Kirchhoff (Im Südfeld 11, 48308 Senden)

Bild 5: *Für die Fahrzeuge und Maschinen ist am neuen Gelände endlich genügend Platz. (Quelle: Technische Betriebe Greven)*

Bild 6: *Die Eröffnung des neuen Baubetriebshofs im Herbst 2022 mit Belegschaft und geladenen Gästen. (Quelle: Technische Betriebe Greven)*

- Fa. Heitkötter GmbH & Co. KG (Hansaring 154, 48268 Greven)
- Fa. Witthaut GmbH (Gottlieb-Daimler-Straße 11, 45711 Datteln)
- Fa. Brüggemann GmbH & Co. KG (Im Industriegelände 9, 33775 Versmold)
- K & S Blitzschutztechnik GmbH (Hansastraße 72, 59425 Unna)
- Büroorganisation Steffers GmbH & Co. KG (Bahnhofsstraße 24, 48607 Ochtrup)
- Köhler HST GmbH & Co. KG (Freiberger Weg 5, 59439 Holzwickede)
- Schnitzler GmbH (Höffgeshofweg 26, 47807 Krefeld)
- Eurobox KG (Stiegweg 9, 06526 Sangerhausen)

Die Gebäude am neuen Areal

- Wertstoffhof: Personalcontainer
- Bürogebäude mit Aufenthalts- und Umkleideräumen
- Halle 1: Werkstätten, Lagerräume und Montageflächen
- Halle 2: Fahrzeughalle Transporter
- Halle 3: Fahrzeughalle Lkw und Schlepper
- Halle 4: Saisongeräte und Streugutlager

Während der Bauphase

Die Belegschaft wurde während der Planung in alle Prozesse einbezogen. Zudem besichtigten die Verantwortlichen bereits vorher verschiedene Referenzobjekte.

Die Bauzeit war u. a. geprägt von der Coronapandemie und dem Ausbruch des Kriegs in der Ukraine. Dies beeinflusste die Lieferzeiten und Baukosten zum Ende der Bauphase. Insgesamt funktionierte die Materialversorgung dennoch gut.

Die Kommunikation zwischen Kommune, Architekt und Bauhof verlief professionell, konstruktiv und lösungsorientiert. Wichtige Themen wurden rechtzeitig angesprochen.

(Ökologische) Besonderheiten

- Wertstoffhof und Baubetriebshof an einem Standort
- Betriebs- und Kundenverkehr sind strikt getrennt, um Unfälle zu vermeiden
- großzügige Kfz-Werkstatt/Schlosserei, in der alle Fahrzeuge in Eigenleistung gewartet und repariert werden können
- klare Gliederung von Lagerräumen, Montageflächen und Stellflächen für den Fuhrpark
- Dachflächenwasser versickert auf dem Gelände
- PV-Anlage mit Speicher
- Dachbegrünung auf dem Verwaltungsgebäude
- ausgebaute Ladeinfrastruktur für weitere Umstellung des Fuhrparks auf Elektromobilität

Nach der Fertigstellung

Die Mitarbeitenden wurden mit Abnahme der Gewerke unterwiesen, z. B. zur Entlüftung der Grube, zur Hebebühne sowie zur Öl-Ver- und Entsorgung.

Die Einwohnerschaft Grevens wurde über die lokale Presse und online auf dem Laufenden gehalten. Zudem konnten sich Interessierte in den öffentlichen Teilen der Betriebsausschusssitzungen informieren.

Für die gesamte Belegschaft der Technischen Betriebe Greven und geladene Gäste gab es nach der Fertigstellung am 23.09.2022 eine Einweihungsfeier. Anlässlich des 10-jährigen Bestehens der Technischen Betriebe gab es am 07.09.2024 einen Tag der Offenen Tür.

Bild 7: *Die Fahrzeuge können nun am Bauhof selbst gewartet werden. (Quelle: Technische Betriebe Greven)*

Das Feedback der Mitarbeitenden fällt durchwegs positiv aus, abgesehen von kleineren organisatorischen Dingen (etwa Unklarheiten, was wo steht). Zudem gibt es spürbare Verbesserungen in folgenden Bereichen:

- Steigerung der Produktivität, z. B. keine zusätzlichen Fahrten durch angemietete Hallen, kein „Tetris" beim Einparken des Maschinenparks zum Feierabend mehr erforderlich, stattdessen ausreichend Raum für getrennte Lagerhaltung nach fachlicher Erfordernis
- Belegschaft ist zufrieden mit Räumlichkeiten
- Schulungen in eigenen Räumlichkeiten durch gute Ausstattung möglich (Aufenthaltsraum als Schulungsraum genehmigt)
- außerordentlich gute Personalauswahlverfahren in den letzten zwei Jahren, was auch auf die neuen Arbeitsplatzbedingungen zurückgeführt wird

Stadt Greven

Einwohner: ca. 39.000
Fläche: ca. 140 km^2

Kontakt

Thomas Buschkamp
Stadt Greven
Technische Betriebe Greven
Geschäftsbereichsleitung Baubetriebshof, Geschäftsfeldleitung Straßenunterhaltung
Rathausstraße 6
48268 Greven
+49 2571 920 414
thomas.buschkamp@stadt-greven.de
www.greven.net

In wenigen Schritten zu einem sauberen Sammelplatz mit Unterflur-Containern – VConsyst Entsorgungssysteme GmbH

1. Schritt: Gemeinsam schauen wir uns den Standort an und klären wie die Behälter später wieder herausgeholt werden können.
2. Schritt: Nachdem das passende Aufnahme-System gewählt ist, besprechen wir, welche Abfallfraktionen in welcher Menge gesammelt werden sollen, und legen das Design des Unterflursystems fest.
3. Schritt: Wir erstellen ein Angebot und Sie bestellen.
4. Schritt: In ca. 8-10 Wochen sind wir dann so weit. Sie lassen in der Zwischenzeit von einem Tiefbauer Ihrer Wahl die Grube ausheben. Wir setzen die Betonschächte.

Quelle: VConsyst Entsorgungssysteme GmbH

5. Schritt: Wir montieren die Sicherheitssysteme und setzen die Unterflurcontainer ein.

Quelle: VConsyst Entsorgungssysteme GmbH

6. Schritt: Der Tiefbauer kann die Grube verfüllen, anpflastern und weitere abschließende Arbeiten durchführen. Die Behälter können direkt genutzt werden.

Und so kann es dann auch bei Ihnen aussehen:

Quelle: VConsyst Entsorgungssysteme GmbH

Für ergänzende Informationen rufen Sie gerne unseren Account Manager an:

Sven Diel: +49 (0)162 2768 396

Oder lassen Sie uns direkt einen Termin vereinbaren: calendly.com/svendiel

VConsyst Entsorgungssysteme GmbH
Mergenthalerstr. 43
D-48268 Greven
+49 (0)162 2768 396
sdiel@vconsyst.com
vconsyst.com

vconsyst

Bauhof Markt Holzkirchen: Endlich (fast) fertig

Bild 1: *Außenansicht des neuen Gebäudes. (Quelle: Studio Corso GmbH)*

In Holzkirchen bestanden erste Ideen für einen Neubau bereits seit 2007. Realität wurden diese jedoch erst, als 2021 die Planungen intensiviert wurden. Noch im Herbst 2024 soll der Neubau dann fertig sein.

Zahlen und Fakten zum neuen Baubetriebshof

- Spatenstich: 22. März 2023
- Erster Arbeitstag: 2025
- Größe des gesamten Gelänbdes: 23.527 m^2
- Größe der Büroflächen (inkl. 3 Mitarbeiterwohnungen): 2.050 m^2 BGF
- Größe der Werkstätten/multifunktionale Halle (zzg. Außenflächen): 1.122 m^2 BGF

Adresse

Amalie-Hohenester-Weg
83607 Holzkirchen

Hauptaufgabenfelder des Bauhofs

- Grünflächenpflege
- Straßenunterhalt
- Winterdienst
- Unterhalt gemeindlicher Liegenschaften (Schulen, Kindergärten, Wohnungen usw.)

Personal am Bauhof

- 35 Mitarbeitende

Die Planungsphase

- Erste Pläne bestanden seit 2007, wurden dann aber wieder verworfen
- Neuplanung begann dann 2020
- Planungszeit: Juli 2021 – Dezember 2022
- Ausführung: Februar 2023 – Oktober 2024 (geplant)

Bild 2: *Außenansicht mit Lagerhallen, Verwaltung und dem allgemeinen Bauhofgebäude. (Quelle: Studio Corso GmbH)*

Der Neubau war aus mehreren Gründen notwendig: Vorher gab es keinen zentralen Standort des Bauhofs; stattdessen lagerten die Geräte an verschiedenen Orten. Die früheren Gebäude waren teilweise einsturgefährdet und daher stark sanierungsbedürftig.

Platzmangel sowie nur bedingt vorhandene Sozial- und Sanitärräume waren weitere wesentliche Gründe für die Planung und Umsetzung. Der neue Standort liegt nun außerhalb des Holzkirchener Ortskerns. Das sorgt für eine gute Verkehrsanbindung. Zudem befindet sich in der Nähe eine Tankstelle.

Der Bebauungsplan trat am 08.12.2021 in Kraft. Der Bauantrag wurde am 27.10.2021 eingereicht und am 22.04.2022 genehmigt. Während der Bearbeitungszeit traten keinerlei Komplikationen auf.

Vorgaben für den Bau

- Bohrloch in der Mitte des Grundstücks, das nicht überbaut werden durfte
- Anforderungen der KfW-40-Förderung
- Zukunftsfähige und flexible TGA-Ausrüstung bzw. Erweiterbarkeit

Darüber hinaus sollte der Holzkirchener Neubau eine zukunftsfähige, flexible Grundrissgestaltung erhalten.

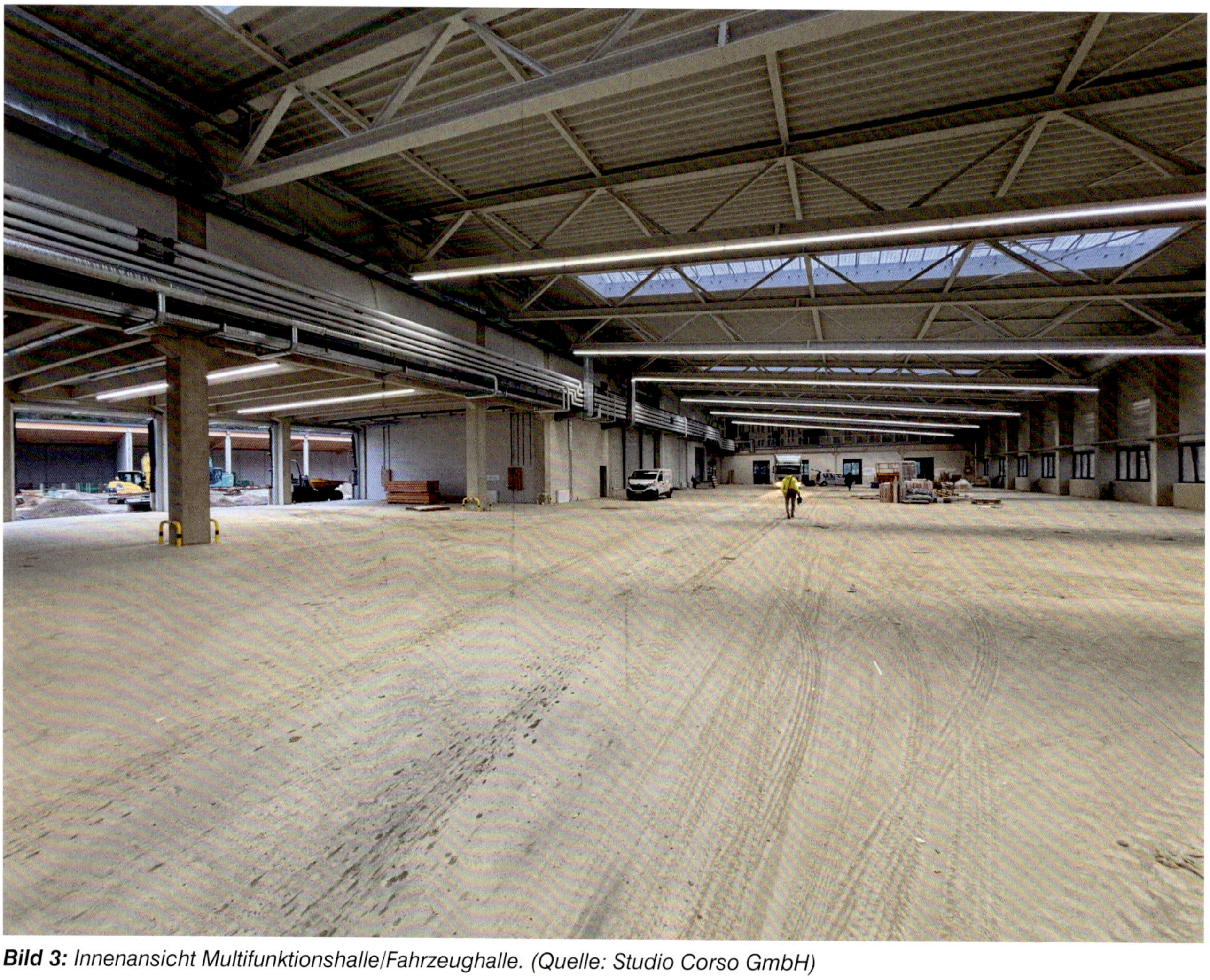

Bild 3: *Innenansicht Multifunktionshalle/Fahrzeughalle. (Quelle: Studio Corso GmbH)*

Bild 4: Die großen Lagerhallen während der Bauphase. (Quelle: Studio Corso GmbH)

Veranschlagte Kosten

27 Mio. Euro brutto KG 200-700

Tatsächliche Kosten

27 Mio. Euro brutto KG 200-700

Verantwortliches Architekturbüro

Studio Corso GmbH
Architekten BDA
Hans-Sachs-Straße 3
80469 München
www.studiocorso.de
info@studiocorso.de

Verantwortliche Bauüberwachung

Tucher Beratende Ingenieure GmbH
Frauenstraße 30
80469 München
www.tucherundpartner.de

Beteiligte Firmen

- Pfeiffer Rohbau
- P+H Ackermann Metalldachtechnik GmbH
- Obermeier Holzbau GmbH
- Vereinigte Holzbaubetriebe Wilhelm Pfalzer & Hans Vogt GmbH & Co. KG
- Metallbau Grünleithner
- Heinrich Schmid GmbH & Co. KG

Die Ausstattung

- Verwaltungsbau
- Fahrzeughalle
- Überdachtes Außenlager
- Salzsilos

Bild 5: Die Mitarbeiterbüros mit Blick ins Grüne. (Quelle: Studio Corso GmbH)

Besonderheiten

- Flexible Nutzung der Multifunktionshalle für Werkstattarbeiten, Lagerflächen und Stellplätze, um zukünftige Bedarfe und Entwicklungen im Bauhofprozess abzubilden und zu ermöglichen.
- Prominente Lage des Grundstücks am Ortseingang zu Holzkirchen fordert eine sensibel städtebauliche Setzung des Baukörpers.
- Ortsbezug zu dem umgebenden ländlichen Kontext
- Berücksichtigung zukünftiger technischer Bedarfe und Anforderungen des Bauhofs
- Kurze, witterungsgeschützte Wege und Synergieeffekte von Sozial- und Sanitärräumen

Umsetzung

- Multifunktionshalle mit Stahlfachwerkträgern.
- Einfügung in die Topografie durch abgeböschtes Erdreich mit vorhandenem Aushub
- Holzverkleidete, gestaffelte Fassade und Höhen differenzierte Kubatur
- Vorhaltung und Nachrüstbarkeit für TGA-Gewerke
- flächige bauteilaktivierte Bodenplatte, natürliche Belichtung und Belüftung, mechanische Be- und Entlüftung mit Wärmerückgewinnung, sichtbare gut erreichbare Trassenführung zur einfachen Wartung und Revisionierbarkeit
- Verbindung des Hallen- und Verwaltungsgebäudes mittels einer Fußgängerbrücke als Holzfachwerk

Ökologische Besonderheiten sind der KfW-40-Standard und das Wiederverwenden von Aushub. Hinzu kommen Nistkästen, die direkt in die Holzfassade integriert sind. Ein Problem während der Bauphase war Nagelfluhgestein im Baufeld, das entfernt werden musste. Die Materialversorgung lief ohne besondere Vorkommnisse ab.

Bild 6: *Drohnenaufnahme des gesamten Areals. (Quelle: Markt Holzkirchen)*

Auch hinsichtlich des Geplanten mussten die Verantwortlichen keine Kompromisse eingehen und es konnte alles umgesetzt werden.

Die Kommunikation zwischen Planer, Bauhof und Kommune lief sehr gut und in direkter, enger Abstimmung.

Die Arbeitsschutz- und Sicherheitsmaßnahmen erfolgten gemäß ASR und in Abstimmung mit dem Sachversicherer. Zum Abschluss der Leistungsphasen (LPH) 2 und 3 fanden öffentliche Gesprächsrunden über den Neubau statt, bei dem die Einwohnerinnen und Einwohner über den Stand und die nötigen Maßnahmen informiert wurden.

Am 11.11.2023 fand das Richtfest unter Anwesenheit des Bauhofteams, von Firmenvertretern und Planern sowie Bürgermeister Christoph Schmid und Mitarbeitenden aus dem Bauamt statt.

Nach der Fertigstellung

Da der Bauhof bei Redaktionsschluss noch nicht fertiggestellt war, gab es bisher noch keine Einführungen oder Schulungen für den neuen Standort und die neuen Gebäude.

Für 2025 ist ein Tag der offenen Tür geplant.

Markt Holzkirchen

Einwohner: ca. 18.000
Fläche: ca. 49 km^2 Gemeindeflur

Kontakt

Markt Holzkirchen
Marktplatz 2
83607 Holzkirchen
info@holzkirchen.de
www.holzkirchen.de

Bild 7: *Verbindung zwischen dem allgemeinen Bauhofsgebäude und dem Verwaltungsteil. (Quelle: Studio Corso GmbH)*

Grußwort von Christoph Schmid,
Erster Bürgermeister von Holzkirchen

Seit 1982 ist der Bauhof in Holzkirchen zentral im Ort gegenüber der Feuerwehr angesiedelt. Dafür wurde damals das ehemalige Brauerei-Gebäude umfunktioniert und war nur als Provisorium für wenige Jahre angedacht. Durch die stetig ansteigenden Aufgaben des Bauhofs sowie der damit einhergehenden steigenden Mitarbeiterzahl war der Bauhof auf vier Standorte im gesamten Gemeindegebiet verteilt. Der Zustand der Gebäude entsprach dabei nicht den Anforderungen an den Arbeitsschutz und führte aufgrund vieler Zwischenfahrten zu Effizienzverlusten.

Bei der Planung haben sich unsere Bauhofmitarbeiterinnen und Mitarbeiter aktiv eingebracht, um einen auf ihre Bedürfnisse zugeschnittenen Bauhof zu erhalten. Dabei wurden unter anderem die Lagermöglichkeiten und die Werkstätten deutlich verbessert. Um den verschiedenen Anforderungen gerecht zu werden, gibt es neben einer Kalthalle und der Halle mit integrierten Werkstätten auch ein Verwaltungsgebäude, in dem auch Mitarbeiterwohnungen untergebracht sind.

Mit dem neuen Bauhof, der nun alles an einem Ort vereint, werden die Arbeitsprozesse verschlankt und die Wegebeziehungen optimiert. Das wird die Abläufe deutlich vereinfachen und für alle Mitarbeitenden ein Mehrgewinn sein.

Bauhof Gemeinde Langdorf: Von Container und Holzscheune zum eigenen Gelände

Bild 1: *Bis zum Neubau hatten die Langdorfer Bauhofmitarbeitenden kein eigenes Gelände. (Quelle: Gemeinde Langdorf)*

Die Gemeinde Langdorf im Bayerischen Wald hat vor dem Neubau des Bauhofs de facto über keinen Bauhof verfügt. Die Mitarbeitenden des Bauhofs hatten nur einen Container zur Verfügung und sämtliche Maschinen waren in einer kleinen Holzscheune untergebracht.

Aufgrund der Topografie in der Gemeinde Langdorf standen wenige Grundstücke zur Auswahl. Wichtig war bei der Entscheidung, dass das Bauhofgelände zwar zentral im Hauptort Langdorf liegen sollte, aber gleichzeitig nicht zwischen bestehenden Wohnbebauungen.

Daher fiel am Ende die Entscheidung auf das Gelände unterhalb des Sportplatzes, zumal dieses zu diesem Zeitpunkt bereits im Eigentum der Gemeinde Langdorf war.

Zahlen und Fakten

- Spatenstich: 25 Mai 2022
- erster Arbeitstag: 01. März 2023
- Größe des gesamten Geländes: ca. 3.500 m^2
- Größe der Büroflächen etc.: 14,24 m^2
- Größe der Werkstätten: ca. 30 m^2 (Teil der Fahrzeughalle)

Adresse

Am Sportplatz 18
94264 Langdorf

Hauptaufgabenfelder des Bauhofs

- Straßenunterhalt
- Pflege von Grünanlagen
- Unterhalt der Gemeindeliegenschaften
- Winterdienst
- Loipenpflege

Bild 2: *Der Sozialtrakt im Rohbau. (Quelle: Gemeinde Langdorf)*

Bild 3: *Konkrete Pläne gab es bereits 2014, der Spatenstich erfolgte im Mai 2022. (Quelle: Gemeinde Langdorf)*

- Wanderwegeinstandhaltung
- Mitarbeit bei Abwasserbeseitigung
- Mitarbeit bei Wasserversorgung

Personal am Bauhof

4 Mitarbeitende

Die Planungsphase

- konkrete Pläne für den neu errichteten Bauhof seit 2014
- 2014-2016: Diskussionen bzgl. Standort
- Mitte 2016: Vergabe der Ingenieurleistungen
- Mitte 2016: Gründung einer Arbeitsgruppe im Gemeinderat
- Frühjahr 2017: Vorstellung erster Planungen
- Herbst 2017: Vorstellung des neuen Konzepts
- Herbst 2017: Vergabe des Salzsilos
- 2018-2020: politische Diskussionen über das Projekt Bauhof → fehlende Fortschritte
- Februar 2021: Bauantrag zu neuem Bauhof-Konzept
- April 2022: Vergabe der GU-Leistungen
- Mai 2022: Spatenstich zur Fahrzeughalle
- März 2023: Inbetriebnahme Fahrzeughalle
- April 2024: Vergabe Gestaltung der Außenanlagen
- April 2024: Gestaltung/Asphaltierung der Außenanlagen

Das Genehmigungsverfahren lief über das Landratsamt Regen ohne Besonderheiten ab.

Vorgaben für den Bau

- 4 Fahrzeugstellplätze Waschplatz
- Sozialtrakt mit Büro
- Aufenthaltsraum
- Haustechnik-Raum
- Sanitärräumlichkeiten

Weitere Vorgaben gab es nicht. Im Rahmen der Ausschreibung wurde dem Generalunternehmer auch komplett freigestellt, in welcher Bauart die neue Fahrzeughalle und der Sozialtrakt errichtet werden sollten (Holzbau, Stahlhalle usw.). Dass alle Leistungen an einen Anbieter vergeben worden sind, vereinfachte die Kommunikation und Koordination erheblich.

Veranschlagte Kosten

Aufgrund der jahrelangen Diskussionen über den Bauhofneubau gab es verschiedene Kostenschätzungen für jeweils verschiedene Planungsvarianten. Die letzte Kostenschätzung stammt von 2020 und lag bei ca. 940.000 Euro für die Bauleistungen.

Tatsächliche Kosten (Bau- und Planungskosten)

aktuell (Stand August 2024) ca. 1,35 Mio. Euro

Erwartete Endkosten

ca. 1,45 Mio. Euro

Verantwortliches Architekturbüro

Dipl.-Ingenieure Kiendl & Moosbauer
Am Tegelberg 3
94469 Deggendorf
www.kiendl-moosbauer.de
ib@kiendl-moosbauer.de

Beteiligte Firmen

- Penzkofer Bau GmbH, Regen (Generalunternehmer Fahrzeughalle und Sozialtrakt)
- Max Streicher GmbH, Deggendorf (Außenanlagen und Asphaltierung)
- Galabau Dannerbauer, Langdorf (unterstützend bei Erdarbeiten)
- Firma Ludwig Artinger, Langdorf (Heizung)
- Troiber Bau GmbH, Achslach (Erdarbeiten Salzsilos)

Die Ausstattung

- Fahrzeughalle mit Waschplatz und Sozialtrakt
- Gerätehalle
- 2 Salzsilos

Vor allem beim Bau der Fahrzeughalle wurde festgestellt, dass in größerem Umfang ein Bodenaustausch notwendig ist. Ansonsten gab es keine speziellen Schwierigkeiten.

Die Materialversorgung wurde quasi komplett mit regionalen Firmen durchgeführt, sodass diese über alle Gewerke hinweg ohne Einschränkungen gewährleistet war.

Die Kommunikation zwischen Planer, Bauhof und Kommune verlief auf kurzem Wege. Da Langdorf eine recht kleine Kommune ist, ist hier der Dienstweg zwischen Bauhof und Bürgermeister auch sehr kurz. Offene Punkte wurden also bei einigen Gesprächen in dieser Runde besprochen.

Es wurde auf alle gängigen Arbeitsschutz- und Sicherheitsmaßnahmen geachtet. Die Entwurfsplanung des Bauhofgebäudes wurde dazu vorab mit einer Firma besprochen, welche auf die Arbeitsschutz-Richtlinien spezialisiert ist.

Da die Gemeinde Langdorf über ein relativ kleines Bauhofteam verfügt, waren keine expliziten Schulungen notwendig. Meistens waren die Mitarbeitenden aus dem Gemeindebauhof regelmäßig sowieso bei Bau- oder Installationsarbeiten vor Ort.

Über die komplette Baumaßnahme wurden die Bürgerinnen und Bürger über Artikel in der örtlichen Presse informiert.

Des Weiteren gab es Informationen via Gemeindeblatt, Social-Media, Homepage usw. Für Herbst 2024 bzw. spätestens Frühjahr 2025 ist ein Tag der Offenen Tür mit Einweihungsfeier des neuen Bauhof-Areals geplant.

Fazit des Bauhofs

Bisher erhalten wir ausschließlich positives Feedback. Viele andere Kommunen waren zu Besichtigungen bereits vor Ort, da mit dem neuen Bauhof in unserer Region neue Standards gesetzt wurden.

Im Nachhinein gesehen würden wahrscheinlich ein bis zwei weitere Stellplätze in der Fahrzeughalle Sinn machen, da mit verbesserter Ausstattung im neuen Bauhof natürlich auch schon die Anforderungen an den Bauhof steigen. Verbessert hat sich seit Inbetriebnahme definitiv die Mitarbeiterzufriedenheit.

Bild 4: *Die Waschhalle. (Quelle: Gemeinde Langdorf)*

Bild 5: *Noch in diesem Jahr soll der Bau fertig werden. (Quelle: Gemeinde Langdorf)*

Des Weiteren ist festzustellen, dass sich Abstimmungen bzgl. Gemeindeverwaltung und Bauhofteam vereinfacht haben, da der Bauhof mittlerweile vor Ort eine eigene EDV-Anbindung an das Gemeindenetz hat.

Viele weitere einfache Prozesse lassen sich im neuen Bauhof darüber hinaus leichter durchführen (z. B. Fahrzeugpflege, Maschinenunterhalt usw.).

Bild 6: *Bodenarbeiten auf dem Baufeld. (Quelle: Gemeinde Langdorf)*

Bild 7: *Der neue Bauhof mit den zwei Salzsilos. (Quelle: Gemeinde Langdorf)*

Bild 8: *Der Neubau war zwingend notwendig. (Quelle: Gemeinde Langdorf)*

In Summe war der Neubau des Bauhofs in Langdorf zwingend notwendig. Für die Gemeinde Langdorf als finanzschwache Kommune war die Investition in Höhe von knapp 1,4 Mio. Euro eine große Herausforderung, da für das Projekt auch keinerlei Förderungen zu akquirieren waren.

Wichtig war aber dem Gemeinderatsgremium ab dem Jahr 2020 stets, dass notwendige Investitionen vorgenommen werden.

Gemeinde Langdorf

Einwohner: 1.868
Fläche: 34,35 km^2

Kontakt

Gemeinde Langdorf
Michael Englram, 1. Bürgermeister
Hauptstraße 8
94264 Langdorf
+49 9921 9411-0
buergermeister@langdorf.de

Bauhof Alte Hansestadt Lemgo: Neu, modern, funktioniert

Bild 1: *Bild: MBN GmbH/Städtische Betriebe Lemgo*

Die Alte Hansestadt Lemgo liegt im Nordosten Nordrhein-Westfalens. 2018 wurde hier nach einjähriger Bauzeit der Bauhof eingeweiht.

Der Neubau war nötig, weil das frühere Bauhofgelände verkauft worden war.

Zahlen und Fakten zum neuen Bauhof

- Spatenstich: 04.10.2017
- erster Arbeitstag: 25.09.2018
- Gesamtgrundstück: 15.553 m^2
- Bauhoffläche: 11.850 m^2
- Ausgleichs-/Parkflächen: 3.703 m^2
- Grundfläche Gebäude: 3.992 m^2
- Geschossfläche: 4.975 m^2
- Bruttorauminhalt: 22.135 cm^3

Adresse

Herforder Straße 105
32657 Lemgo

Hauptaufgabenfelder des Bauhofs

- Straßen, Wege, Plätze (Reparaturen, Ausbau, Winterdienst, ...)
- Grünanlagen und Straßenbegleitgrün (Grünflächenmahd, Beetpflege, Bepflanzungen, Unterhaltung, ...)
- Kanäle, Schächte (Reinigungen, Reparaturen, Spülen, ...)
- Friedhöfe (Pflege, Grabaushub, Trauerbegleitung, Beratung, ...)
- Sportplätze (Instandhaltung, Pflege, Rasenmahd, ...)
- Spielplätze (Kontrolle, Unterhaltung, Neubau, Austausch, Pflege, ...)
- Bäume (Baumkontrolle, Erhaltungsmaßnahmen, Neupflanzungen, ...)
- Forst (Gestellung von Forstmitarbeitern bei Bedarf)
- Schulen, Kindergärten und stadteigene Häuser (Haustechnik, Hygiene, Anlagenüberwachung, sonstige Unterhaltung, ...)

Bild 2: *Büros und Einrichtungen für die Mitarbeitenden sind modern und freundlich gestaltet. (Bild: MBN GmbH/ Städtische Betriebe Lemgo)*

- Schädlingsbekämpfung (Kanäle, Gebäude, Grünflächen, Gewässer, ...)
- Fahrzeuge der Feuerwehr (Unterhaltung und Wartung, Windenprüfungen, ...)
- Stadtwerke Lemgo (Gebäudeunterhaltung, Sauna, Freizeitbad, Trafostationen, Wasserwerke, ...)
- Sonderleistungen (Veranstaltungen, Kläschen, Kirmes, Events, ...)
- Unterhaltungsbereiche der Städtischen Bereiche Lemgo:
  - 258 km Straßen
  - 98 km Wirtschafts- und eigenständige Wege
  - 158 km Gehwege auf Hochbordanlage
  - 295 km MW+RW+SW-Kanäle
  - 11 Schulen
  - 7 Kindergärten
  - 16 Sportplätze
  - 18 Sport- und Mehrzweckhallen
  - ca. 135 Einzelobjekte (Verwaltung, Schulen, Feuerwehr, Kultur, Wohnen usw.)

Personal am Bauhof

Bauhofverwaltung ohne Meister

- Betriebsleitung: 1 MA
- weitere Verwaltungsbeschäftigte: 6 MA
- Lager: 1 MA
- Baustellenkontrolle: 1 MA

Garten- und Landschaftsbau, Friedhöfe, Forst

- Meister: 3 MA (davon ein Meister für administrative Arbeiten für andere Eigenbetriebe und Alte Hansestadt Lemgo)
- Arbeitsgruppen: 31 MA, 5 Azubis

Straßen- und Kanalunterhaltung, Straßenreinigung, Schlosser

- Meister: 1 MA
- Arbeitsgruppen: 23 MA, 6 Azubis

Kfz-Werkstatt und Gebäudeunterhaltung

- Meister: 1 MA
- Arbeitsgruppe Kfz-Werkstatt: 4 MA, 1 Azubi
- Arbeitsgruppe Dachdecker/Maurer: 4 MA
- Arbeitsgruppe Tischlerei: 4 MA
- Arbeitsgruppe Installateure: 4 MA
- Arbeitsgruppe Elektriker: 3 MA, 1 Azubi

Der zeitliche Ablauf

- erste Pläne bestanden seit 2014
- 14.08.2014: Verkauf des Grundstücks Am Bauhof (Besitzübergang: 31.12.2017)
- 16.09.2015: erster Vertragsentwurf Ankauf Grundstück
- 27.10.2015: Aufkündigung der Planung mit dem Kreis Lippe
- 16.01.2016: Kaufvertrag für Grundstück
- 05.05.2016: Veröffentlichung im europäischen Kreisblatt
- 31.03.2016: sechs Firmen haben Teilnehmeranträge abgegeben
- 28.04.2016: Wahl von drei Firmen zu engeren Bietern, Unterlagenversand
- 30.06.2016: Abgabe Planunterlagen zur ersten Verhandlungsrunde
- 04.07.2016: erste Verhandlungsrunde mit den drei Bietern
- 23.08.2018: Abgabe Unterlagen zur zweiten Verhandlungsrunde
- 30.08. 2016: zweite Verhandlungsrunde
- 16.09.2016: Abgabe finales Angebot der drei Bieter
- 20.09.2016: Beendigung des Verfahrens aufgrund der Baukosten
- 26.09.2016: Beschluss Fortführung des Verfahrens
- 29.09.2016: Anschreiben an Firmen zwecks Weiterführung des Verfahrens
- 21.11.2016 – 22.11.2016: Gespräch mit Bietern zwecks Einhaltung der Kostenobergrenze
- 08.02.2017: finale Angebotsabgabe
- 28.02.2017: abschließende Verhandlung
- 13.03.2017: Abgabe abschließendes Angebot, Wahl fällt auf MBN
- 27.03.2017: Vorstellung im GBA
- 03.04.2017: Beschluss Rat
- 13.04.2017: Abschluss Projektvertrag
- Juni 2017: Bauantrag
- 07.09.2017: Teilbaugenehmigung
- 25.09.2017: Baubeginn
- 04.10.2017: offizieller Spatenstich
- 28.11.2017: Baugenehmigung
- 30.05.2018: Richtfest
- September 2018: Fertigstellung, Abnahme und Einzug Verwaltung
- Dezember 2018: Vollständiger Betrieb

Bild 3: *Seit vielen Jahren war der Neubau für den Bauhof Lemgo im Gespräch. (Bild: MBN GmbH/Städtische Betriebe Lemgo)*

Bei der Wahl des Standorts war man abhängig von Grundstücken im stadtnahen Bereich, die zum Verkauf standen. Nötig war dies, da der alte Bauhof an einen Interessenten verkauft wurde.

Die Genehmigungsplanung erfolgte über den Generalunternehmer.

Spezifische Vorgaben

- moderne funktionale Ausstattung
- Arbeitsschutz

Die Vorgaben wurden innerhalb der Ausschreibung mit Raumprogramm angegeben.

Veranschlagte Kosten

7,0 Mio. Euro

Tatsächliche Kosten

7,35 Mio. Euro
zusätzliche Ausstattung: 270.000 Euro

Verantwortliches Architekturbüro

Heitmann Architekten
Winkelstraße 2
33332 Gütersloh
www.heitmann-architekten.de
info@heitmann-architekten.de
+49 5241 60109-0

Beteiligte Firmen

- MBN Bielefeld
- Strabag Ostwestfalen
- Firmen aus Lemgo

Bild 4: *Am neuen Gelände befinden sich mehrere Hallen und Werkstätten. (Bild: MBN GmbH/Städtische Betriebe Lemgo)*

Die Gebäude am neuen Bauhof

Gebäude 01

Büros und Einrichtungen für die Verwaltungsmitarbeitenden

- Sozialräume der Beschäftigten
- Aufenthaltsräume
- Umkleiden
- Toiletten und Waschräume
- Trockenraum für nasse Kleidung

Lagerbereiche für

- bestandsgeführtes Material
- nicht bestandsgeführtes Material
- Kleingeräte und Hilfsmittel
- Reifenlager

Kfz-Werkstatt

- Traktoren
- Baumaschinen
- Lkw
- Transporter
- Pkw
- Hebebühnen für Pkw und Transporter
- Montagegruben (Breite ca. 1,00 und 0,75 m)
- Reifenauswucht- und Montagegeräte
- Kranbahn mit Nutzlast 5,0 t
- Standbohrmaschinen, Standschleifer, Drehbank
- Entlüftungsanlage

Gebäude 02

Werkstätten

- Schlosserei (inkl. mobile Schweißgeräte, Standbohrmaschinen, Standschleifer, Eisensäge und Eisenbiegeapparate)
- Installateure (Gas, Wasser, Heizung, Lüftung)
- Dachdecker und Maurer
- Elektriker

Bild 5: *Die Kfz-Werkstatt. (Bild: MBN GmbH/Städtische Betriebe Lemgo)*

- Tischlerei (inkl. Mobilentstauber Höcker Polytechnik Vacumobil 250/300 nach DIN 8416 und Lackierraum)

Gebäude 03

Transporterhalle, Kleingeräte und Waschhalle

- Stellflächen für Transporter
- Lagerung von Material und Kleingeräten
- Übungsfläche für Ausbildung Garten- und Landschaftsbau und Straßenbau
- Waschhalle und Fahrzeugreinigung (inkl. Hochdruckunterbodenwaschanlage und Heißwasser-Hochdruckreiniger)

Gebäude 04

Lkw-Hallen und Winterdienstgeräte

- frostfreie Halle für Spülwagen und Kehrmaschine
- offene Hallen für sonstige Großgeräte und Fahrzeuge

Gebäude 05

Salzhalle mit einem Lagervolumen von ca. 375 t und Soletank

Bild 6: *Der Fuhrpark umfasst zahlreiche unterschiedliche Fahrzeuge und Maschinen. (Bild: MBN GmbH/Städtische Betriebe Lemgo)*

Containerstellplätze

Hier werden Bauschutt, Altmetall, Boden, gemischter Siedlungsabfall und Altholz in Kleinmengen gesammelt.

Während der Bauphase

Die Materialversorgung lief problemlos. Auch davon abgesehen gab es bei der Umsetzung keine besonderen Schwierigkeiten. Soweit es das Budget hergab, wurde alles umgesetzt, was ursprünglich auch geplant worden war.

Die Kommunikation zwischen den verschiedenen beteiligten Ämtern und Firmen lief über den Bauhofleiter als Bindeglied, aber auch in direkter Kommunikation. Arbeitsschutzmaßnahmen entsprachen den gesetzlichen Vorgaben. Die Mitarbeitenden wurden in die Planung einbezogen, soweit es möglich war.

Besonderheiten

- Regenwassernutzung und Versickerung
- Fernwärme
- voll ausgestattete, moderne Werkstätten

Nach der Fertigstellung

Die Einwohnerschaft wurde über die lokale Presse über den Stand informiert. Beim Richtfest und der Eröffnungsfeier konnten die Einwohner zudem in Art eines Tags der offenen Tür teilnehmen.

Das Feedback der Mitarbeitenden, die den neuen Bauhof nutzen, ist positiv. „Wer bekommt schon einen neuen Bauhof?", sagte der damalige Bauhofleiter Gerhard Reineke. Insgesamt bezeichnet er den Neubau trotz Flächeneinschränkungen als gelungen.

Die Arbeitsabläufe haben sich an dem neuen Standort verbessert. Die Identifikation der Mitarbeitenden hat zugenommen.

Bild 7: *Die Verantwortlichen und Mitarbeitenden sind mit dem Neubau zufrieden. (Bild: MBN GmbH/Städtische Betriebe Lemgo)*

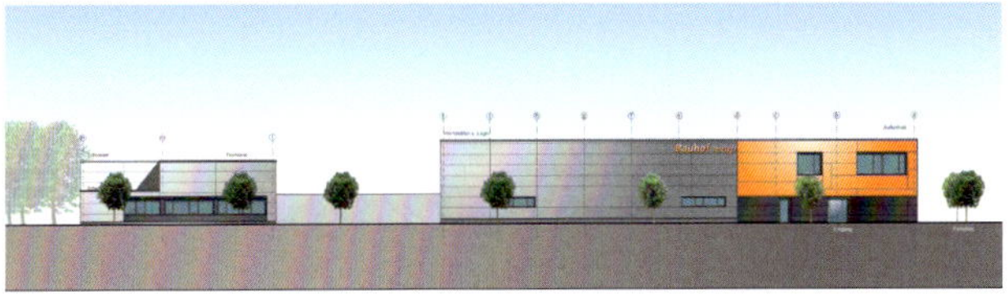

Bild 8: *Ansicht Nord. (Bild: Heitmann Architekten)*

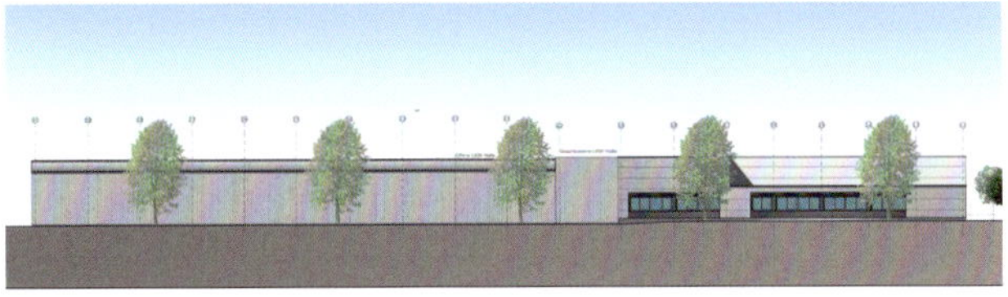

Bild 9: *Ansicht Ost. (Bild: Heitmann Architekten)*

Bild 10: *Ansicht West, Geb.-Wirtschaft u. Lkw-Halle. (Bild: Heitmann Architekten)*

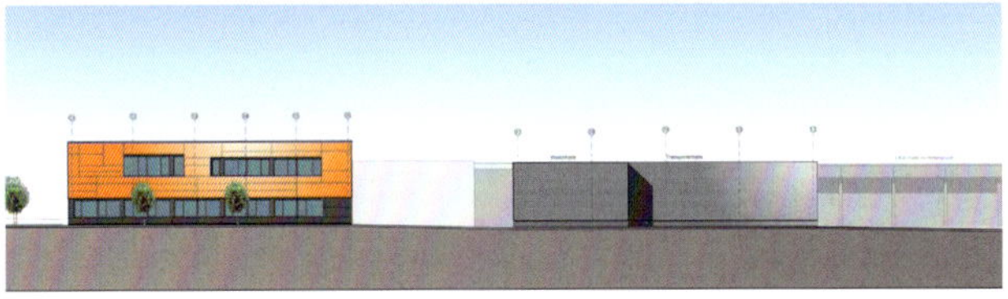

Bild 11: *Ansicht West. (Bild: Heitmann Architekten)*

Fuhrpark

- 3 Unimog
- 5 Lkw > 10 t
- 2 Lkw < 10 t
- Hubsteiger bis 30 m Höhe
- Spülwagen
- 6 Mobil- und Kleinbagger
- 6 Traktoren (25-70 PS)
- 2 Großflächenmäher
- 7 Aufsitzmäher
- 2 Kleinkehrmaschine
- Unkrautvernichter Gas
- 2 Radlader
- Walze
- 31 Transporter
- 3 E-Transporter
- 4 Pkw Bauhof
- 14 Pkw Fahrzeugpool (2 davon elektrisch)
- 2 Leichtmüllfahrzeuge

Geräte (u. a.)

- 23 Lkw- und Pkw-Anhänger in unterschiedlichen Größen
- 57 Laubblasgeräte (1/4 Akku) in unterschiedlichen Größen
- 36 Freischneider (1/4 Akku)
- 33 Heckenscheren (1/4 Akku)
- 5 Hochentaster (1/4 Akku)
- 60 Motorsägen (1/4 Akku) in unterschiedlichen Größen
- 12 Schneepflüge Lkw und Traktoren
- Schneefräse
- Salz-Streuautomaten und Salz-Streuer

Alte Hansestadt Lemgo

Einwohner: ca. 41.000
Fläche: 100,862 km^2

Flächenaufteilung

- Ackerland: 46,930 km^2
- Gartenland: 0,444 km^2
- landwirtschaftliche Betriebsfläche: 0,008 km^2
- Wald: 22,349 km^2
- Wasser: 0,771 km^2
- Abbauland: 0,173 km^2
- Betriebsfläche: 0,241 km^2
- Sportfläche: 0,310 km^2
- Grünland: 8,542 km^2
- Gebäude- und Freifläche: 12,834 km^2
- Straßen, Wege, Parkplätze: 5,405 km^2
- restliche Nutzungsfläche: 0,369 km^2
- Obstanbaufläche, Brachland: 1,048 km^2
- Grünanlage: 1,610 km^2

Kontakt

Gerhard Reineke
Alte Hansestadt Lemgo
Heustraße 36-38
32657 Lemgo
+49 5261 213 196
g.reineke@lemgo.de
www.lemgo.de

Bauhöfe zukunftssicher gestalten – Unsere Expertise: Waschplätze und Eigenverbrauchstankstellen

Egal, ob Sie einen Neubau, Umbau oder die Modernisierung von Waschplätzen und Eigenverbrauchstankstellen planen – mit Kortmann setzen Sie auf effiziente und nachhaltige Lösungen. Dank unserer 30-jährigen Erfahrung im Bau von Flächen gemäß AwSV sind wir Ihr verlässlicher Partner. Unsere flüssigkeitsdichten Betonfertigteile für WHG-Flächen erfüllen höchste funktionale und ökologische Standards. Als Inhaber von drei bauaufsichtlichen Zulassungen des DIBt garantieren wir Ihnen die 100%ige Abnahme durch den WHG-Sachverständigen. Unser TASIKO®-System ist ein flexibles Baukastensystem für WHG-Dichtflächen und bietet maßgeschneiderte Lösungen für Entwässerung, Wasserleitungen und Randaufkantungen. Wir beraten Sie gerne, wie Sie Ihre Fläche optimal gestalten können, und erstellen kostenlose Verlegevorschläge.

Die TASIKO®-Bauteile aus FDE-Beton (flüssigkeitsdicht und eindringgeprüft) schützen den Boden vor wassergefährdenden Stoffen und sichern eine nachhaltige Nutzung Ihrer Bauhofanlagen. Ob Eigenverbrauchstankstellen oder Waschplätze – überall dort, wo mit gefährlichen Flüssigkeiten gearbeitet wird, sind Auffangflächen unerlässlich. Unser flexibles Baukastensystem passt sich Ihren baulichen Gegebenheiten an und verkürzt die Bauzeit erheblich, ohne Kompromisse bei der Qualität einzugehen.

Bild 1: *Waschplatz: Rechteckplatte und Ablaufelement Schlammfang, sowie Muldenrinne und Spritzwand aus L-Elementen.*

Bild 2: *Eigenverbrauchstankstelle mit SW900 und Ablaufelement Pultform, Absenkrinne und Spritzwand aus T- und L-Elementen.*

Nachhaltigkeit & Umweltschutz

Bei Kortmann Beton steht der Umweltschutz im Mittelpunkt. Unser TASIKO®-System bietet flexible und nachhaltige Lösungen, die wassergefährdende Stoffe sicher auffangen und ableiten. Die Betonfertigteile fungieren als sekundäre Barriere und erfüllen die strengen Vorgaben des DIBt. Mit unseren drei bauaufsichtlichen Zulassungen garantieren wir Ihnen höchste Sicherheit und Qualität. Beim Bau von Waschplätzen für Nutzfahrzeuge gelten strenge Umweltstandards: Öle, Fette und Hydraulikflüssigkeiten müssen sicher aufgefangen werden. TASIKO®-Elemente stellen sicher, dass die Vorgaben des WHG und der AwSV erfüllt werden und ermöglichen einen schnellen, sicheren Einbau.

Ihr Erfolg ist unser Ziel

Lernen Sie die Vorteile der TASIKO-Lösung kennen und haben Sie ab sofort volle Planungssicherheit und Kontrolle bei Ihrem Projekt. Unsere Experten stehen Ihnen mit 30 Jahren Erfahrung zur Seite und zeigen Ihnen, wie Sie Ihr Bauvorhaben sicher und kosteneffizient umsetzen können. Hierfür bieten wir kostenlose Online-Schulungen an:

www.kortmann-beton.de/tasiko-webinare

KORTMANN

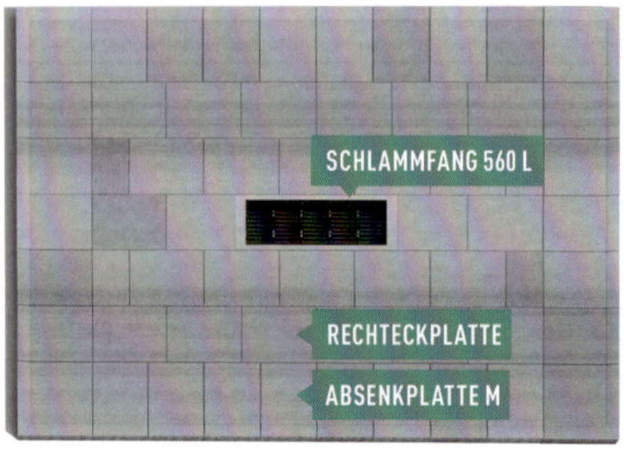

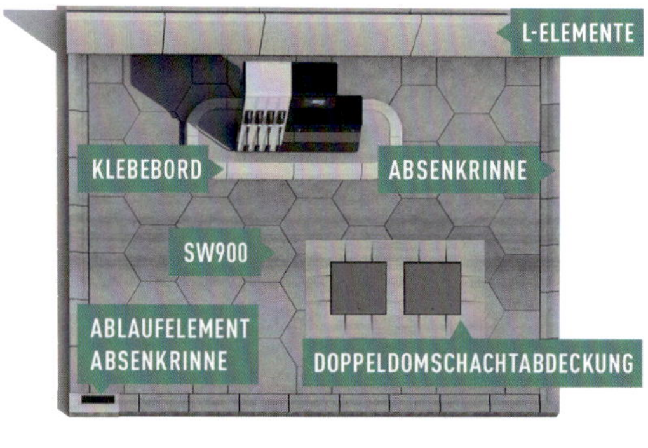

QR-CODE SCANNEN
WEBINAR TERMIN
JETZT BUCHEN!

Bauhof Stadt Metzingen: Neubau mit Feuerwehr

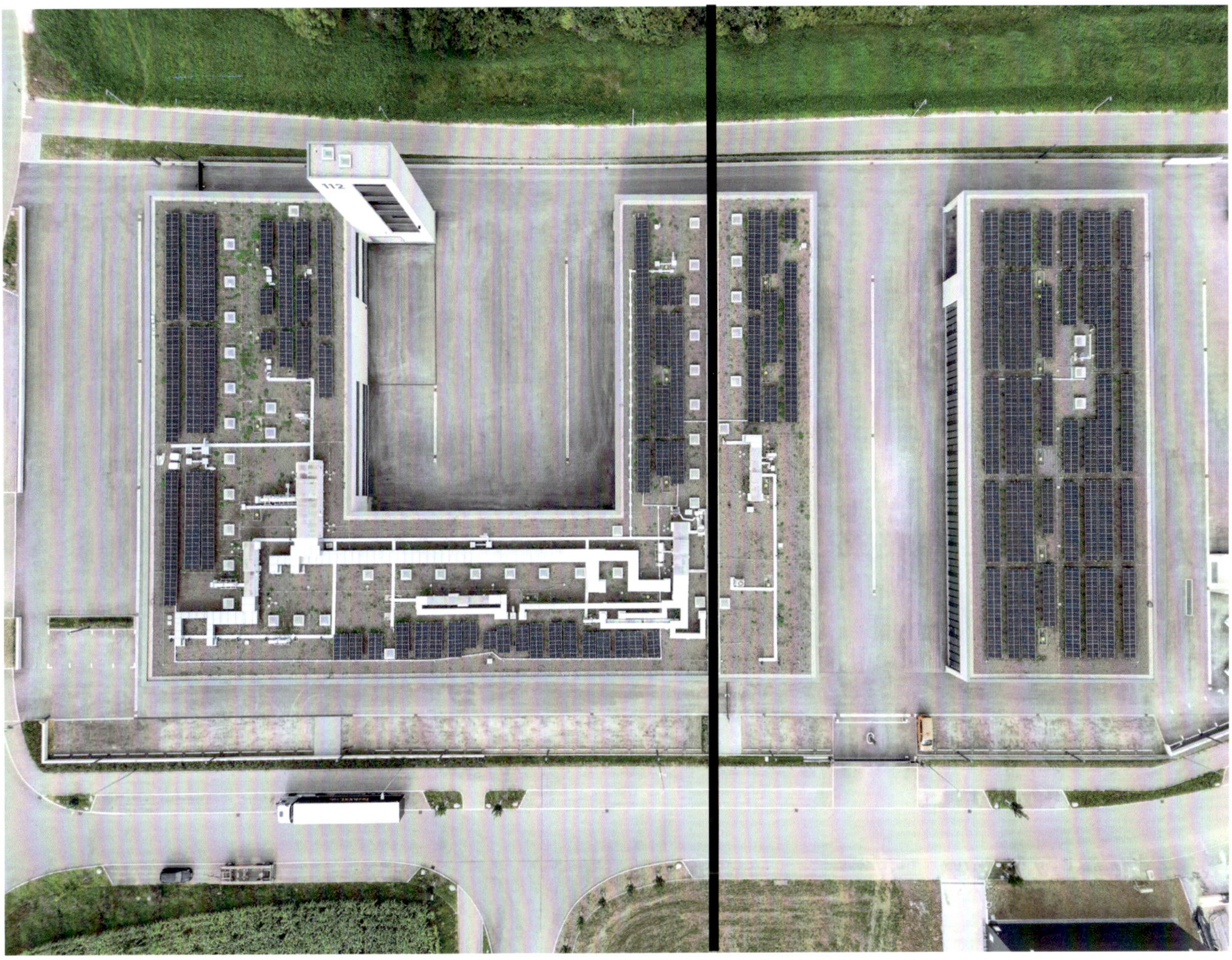

Bild 1: *Das kleinere Gebäude und der rechte Teil des größeren gehören zum Bauhof. (Quelle: dasch zürn + partner I Fotografie Bernhard Tränkle | Neubau Bauhof und Feuerwehr Metzingen)*

Im baden-württembergischen Metzingen bezog man 2023 den neuen Bauhof. Das augenscheinlich Besondere? Er teilt sich das Gelände mit der Feuerwehr. Die beiden Einrichtungen haben dabei getrennte Zufahrten, um sich in der Einsatzhektik nicht in die Quere zu kommen.

Notwendig wurde ein neuer Bauhof, da sich das alte Gelände in einem sanierungsbedürftigen Zustand befand. Hinzu kam die ungünstige Lage direkt in einem Wohngebiet. Von einem Neubau zusammen mit der Feuerwehr versprach man sich Synergien und bessere Arbeitsbedingungen. Angesichts mangelnder Alternativen im Stadtgebiet und wegen der günstigen Lage im geplanten Gebiet mit günstiger Anbindung an die Hauptverkehrsstraßen konnte auf eine Variantenprüfung verzichtet werden.

Zahlen und Fakten zum neuen Bauhof

- Bruttogesamtfläche: 7.165 m^2
- Bruttorauminhalt: 35.050 m^3

Adresse

Friedrich-Henning-Straße 1+3
72555 Metzingen

Hauptaufgabenfelder des Bauhofs

- Grünpflegearbeiten
- Straßen- und Gehwegreinigung
- Unterhaltungspflege
- Veranstaltungsbetreuung
- Winterdienst (Räumen und Streuen)
- teilweise Straßenunterhaltung im Stadtgebiet

Bild 2: Bauhof und Feuerwehr haben getrennte Zu- und Ausfahrten, damit man sich nicht gegenseitig behindert. (Quelle: dasch zürn + partner I Fotografie Henrik Schipper | Neubau Bauhof und Feuerwehr Metzingen)

Personal am Bauhof

32 Mitarbeitende

Der zeitliche Ablauf

- 2017: Zielsetzung, dass ein Neubau Feuerwache und Baubetriebshof realisiert wird
- 2017: Wettbewerb Architekten
- 2017/18: Standort Braike Wangen in neuem Gewerbegebiet wird festgelegt
- 2020: Beauftragung Architekt
- 2021: Baubeginn
- 2023: Fertigstellung

Der Bauantrag wurde nach der Zusammenstellung aller Unterlagen und der Beschlussfassung der politischen Gremien eingereicht. Das Baurechtsamt genehmigte diesen fristgerecht.

Spezifische Vorgaben

- zukunftsorientiertes Gebäude mit bedarfsgerecht ausgestatteten Sozialräumen, Büros und Garagen
- Waschplatz
- Silo mit Soleerzeuger

Die Nutzungsanforderungen sowie das Raumprogramm wurden in Abstimmung mit den Nutzern erstellt. Dadurch wurden Synergien gefunden, die von Bauhof und Feuerwehr genutzt werden können.

Besonderheiten

- Schreinerei/Schlosserei und Kfz-Werkstatt mit Lkw-Arbeitsbühne
- großes Salzsilo mit Soleerzeugung für Feuchtsalzaufbereitung
- Regenwassernutzung für Pflanzenbewässerung
- großzügige Schulungs- und Mitarbeiterräume
- PV-Anlage mit Einspeisung ins öffentliche Netz
- Anschluss an städtische Nahwärmeversorgung
- Ableitung von unbelastetem Dachwasser in einen natürlichen Vorfluter

Beim Bau wurde auf sparsamen Umgang mit Grund und Boden sowie Erdmassenausgleich geachtet. Die Fassade wurde als monolithische Konstruktion in Leichtbeton gestaltet.

Veranschlagte Kosten

25,8 Mio. Euro (Feuerwache und Baubetriebshof, über alle Kostengruppen)

Tatsächliche Kosten

voraussichtlich ca. 27 Mio. Euro (noch nicht komplett schlussgerechnet). Zu den gestiegenen Kosten trugen neben zusätzlichen Wünschen und Forderungen auch Kostensteigerungen bei.

Verantwortliches Architekturbüro

dasch zürn + partner
architekten Partnerschaft mbB
Böheimstraße 43
70199 Stuttgart
www.dzpa.de
mail@dzpa.de
+49 711 459999-0

Beteiligte Firmen

- Gottlob Brodbeck GmbH & Co. KG, 72555 Metzingen: Rohbau
- Baisch Gerüstbau GmbH & Co. KG, 72574 Bad Urach
- Dachbau Fahro GmbH, 71063 Sindelfingen: Dachabdichtung
- Fliesen Maler GmbH, 72760 Reutlingen: Fliesen
- Estrich Bossert GmbH, 71394 Kernen: Estrich
- Siegfried Wölz Stahl- und Metallbau GmbH & Co. KG, 89423 Gundelfingen: Verglasung, Sonnenschutz, Innentüren, Blechbekleidung
- Peters GmbH & Co. KG, 55487 Sohren: Schreiner Innentüren
- Bühler Einrichtungen, 72119 Ammerbuch-Altingen: Schreiner Möbel
- Bazle Stahlbau-Schlosserei GmbH, 73266 Bissingen: Schlosser
- everclean! GmbH, 71111 Waldenbuch: Baureinigung Alt
- Cleaning Solution e. K., 72555 Metzingen: Baureinigung Neu
- Malerbetrieb Buscher, 89079 Ulm: Maler
- TM Ausbau GmbH, 82178 Puchheim: Abg. Decken Einstegrasterdecken
- Torbau Schwaben GmbH, 88436 Oberessendorf: Falttore
- Raumstudio Falter GmbH & Co. KG, 70736 Fellbach: Bodenbelag

Bild 3: *Grundriss Erdgeschoss von Bauhof und Feuerwache. (Quelle: dasch zürn + partner | Neubau Bauhof und Feuerwehr Metzingen)*

- Tilo Kopp, 70734 Stuttgart: Trockenbau
- Kemmlit Bauelemente GmbH, 72144 Dusslingen: Spinde, WC-Trennwände
- Schmitt + Sohn Aufzüge GmbH, 72070 Tübingen: Aufzug
- BMB GmbH, 78224 Singen: Blitzschutz- und Erdungsbau
- Kammerer Elektrotechnik GmbH & Co. KG, 72555 Metzingen: Elektroinstallation
- Reimer Elektrotechnik GmbH & Co. KG, 89231 Neu-Ulm: PV-Anlage
- Klima- und Sanitärbau GmbH Erich Kurz, 72585 Riederich: Heizung, Sanitär
- LKT Luft- und Klimatechnik GmbH, 72770 Reutlingen: Lüftung
- Kratschmayer Luft-Wärme-Klima GmbH, 74638 Waldenburg: Kältetechnik
- Rode Diesel-Energie GmbH, 74589 Satteldorf: Netzersatzanlage
- WM SE, 72770 Reutlingen: Hebebühne
- IMAK Vertriebs GmbH, 70736 Fellbach: Lkw-Hebebühne
- Brandschutz Leibssle, 72810 Gomaringen: Feuerlöscher
- Thomas Bihler GmbH, 88212 Ravensburg: Lose Möblierung
- Meinrad Kopp GmbH & Co. KG, 89607 Emerkingen: Sichtbetonkosmetik
- Handel Werbetechnik, 72555 Metzingen: Beschilderung

Die Gebäude am Gelände

- Neubauten Feuerwache und Baubetriebshof
- Verwaltungsgebäude
- Werkstätten
- Fahrzeughallen mit Waschplatz
- Salzsilo
- Schüttboxen
- Parkflächen
- gemeinsame Tankstelle

Es wurde alles umgesetzt, was ursprünglich geplant worden war. Im Rahmen der Vorgespräche wurden Raumprogramm und Anspruchsprofil festgelegt, Ausstattungsmerkmale wurden klar definiert. Letztendlich wurde sogar mehr umgesetzt, als ursprünglich angedacht war.

Die Fahrzeughalle der Feuerwehr bietet Platz für 26 Fahrzeuge. Die gemeinsam genutzten Räume liegen in den Schnittstellen zwischen Feuerwehr und Bauhof: Waschhalle, Kfz-Werkstatt, Besprechungsraum und Schulungsraum 2.

Architektur

Die beiden Gebäude ergeben zusammen eine Gesamtanlage. Diese ist der Hangsituation entsprechend terrassiert. Die Hofebenen von Feuerwehr und Bauhof sind über eine Rampe verbunden.

Feuerwehr und Bauhof haben getrennte Ein- und Ausfahrten. Alarmausfahrt und Betriebszufahrt der Feuerwehr sowie die Zufahrt zu den Pkw-Stellplätzen erfolgen unabhängig voneinander und kreuzungsfrei.

Bild 4: *Beim Bau in Metzingen wurde sogar mehr umgesetzt, als ursprünglich geplant worden war. (Quelle: dasch zürn + partner / Fotografie Bernhard Tränkle | Neubau Bauhof und Feuerwehr Metzingen)*

Als Material für die Außenwände wurde Leichtbeton verwendet. Die 60 cm starken Wände übernehmen auch die Funktion der Dämmung. "Uns hat die Möglichkeit fasziniert, mit Leichtbeton innen und außen fertige Oberflächen zu erhalten, die weder gestalterisch noch bauphysikalisch zusätzlich aufgebrachte Schichten benötigen", sagt Architekt Helmut Dasch.

Fahrzeughallen
- Stahlbetonfachdecken aus Halbfertigteilen, Torsturz als Auflager
- Stahl-Glas-Faltschiebetore

Sonstige Räume
- Stahlbetonfachdecken, Betonwände
- Metall-Glas-Fenster mit Sonnenschutz außen

Dächer
- Flachabdichtung auf Gefälledämmung
- Dachbegrünung als mechanischer Schutz und Regenwasserspeicher
- PV-Anlage

Bauphase und Einweihung

Die Coronakrise und der Ukrainekrieg wirkten sich negativ auf den Neubau aus, da die Kosten ungeplant stiegen. Lieferengpässe traten jedoch kaum auf, da die Materialien rechtzeitig bestellt und die Aufträge zeitig vergeben wurden.

Arbeitsschutz- und Sicherheitsmaßnahmen erfolgten in Zusammenarbeit mit einem Sicherheitsbeauftragten. Die Mitarbeitenden wurden speziell in das Gebäude eingeführt und in die Maschinen eingewiesen.

Das Feedback der Mitarbeitenden fällt insgesamt positiv aus. Der neue Arbeitsplatz wird als modern gesehen und entspricht dem aktuellen Stand der Technik.

Bild 5: *Verwaltung und Fahrzeughalle des Bauhofs. (Quelle: Stadt Metzingen)*

Die Einwohnerschaft wurde über Gemeinderatssitzungen und die lokale Presse auf dem Laufenden gehalten. Am 17.09.2023 gab es zudem einen Tag der offenen Tür, bei dem sich Bauhof und Feuerwehr gleichermaßen präsentierten.

Verwaltungsabläufe funktionieren am neuen Gelände schneller und effizienter. Deutlich verbessert sind auch die Informationswiedergabe und Aufgabenverteilung. Die Nutzer bewerten den Bauhof mit sinnvollen Raumkonzepten und klar strukturierten Außenräumen als optimales Arbeits- und Schulungsumfeld.

Stadt Metzingen

Einwohner: ca. 23.000
Fläche: 34,55 km^2

Kontakt

Daniel Vesin
Stadt Metzingen
Leitung Baubetriebshof
Friedrich-Henning-Straße 3
72555 Metzingen
+49 7123 395 4310
d.vesin@metzingen.de
www.metzingen.de

Kreisbauhof Paderborn: Neubau mit Amphibienschutz

Bild 1: Auf allen Dächern des neuen Kreisbauhofs befinden sich Photovoltaikplatten. (Quelle: Kreis Paderborn)

Bis zum Neubau hatte der Kreisbauhof Paderborn kein zentralisiertes Gelände, sondern mehrere Standorte. Diese wurden schließlich zusammengefasst.

Zahlen und Fakten

- Größe des gesamten Geländes: 18.000 m²
- Verkehrsfläche: 1.500 m²
- Technikfläche: 1.250 m²
- Fahrzeughalle: 2.115 m²
- Waschhalle: 182,05 m²
- Werkstatt: 603,05 m²
- Verwaltung: 525,00 m²
- Salzhalle: 755,40 m²; Füllmenge bis 2.000 t (derzeit ca. 900 t); Soleerzeugung 11.000 l; Vorratstank 40.000 l
- Heizzentrale/Technik: 155,50 m²
- Öllager/Technik: 85,75 m²
- Carport Zisterne: 591,40 m²
- Dieseltank: 20.000 l, zur gemeinsamen Nutzung mit der AVE
- Elektroleitungen: 42 km

Adresse

Alte Schanze 52
33106 Paderborn

Hauptaufgabenfelder des Bauhofs

- Straßenunterhaltung der Kreisstraßen und Bauwerke
- Unterhaltung der Außenanlagen der kreiseigenen Liegenschaften

Materialien

Betonfertigteile

- Betonfertigteilstützen unterschiedlicher Längen: 75
- Fertigteilwände unterschiedlicher Abmessungen: 1.735 m²
- Fertigteilbetonstahl: 122 t

Bild 2: *Von den Erdarbeiten... (Quelle: Kreis Paderborn)*

Bild 3: *... zum fertigen Rohbau. (Quelle: Kreis Paderborn)*

Holzbau

- 1.100 m² Wände aus Brettsperrholz
- 800 m² Decken aus Brettsperrholz
- 14 Leimbinder mit einer Länge von 36 m
- 28 Leimbinder mit einer Länge von 20 m
- 3.700 lfm. Riegel, Streben und Pfetten
- 1.500 m² Deckleistenfassade

Dach und Fassade

- 2.840 m² Trapezblech
- 1.300 m² ISO-Wandpaneele

Personal

- 48 Mitarbeitende
- 37 am Bauhof
- 11 in der Verwaltung

Die Planungsphase

- Pläne seit 2019
- 2019-2021: Planungsphase
- Ausschreibung der Planungsleistung
- Mai 2021: Beginn der Erdarbeiten (9.500 m³ Oberbodenabtrag + 23.000 m³ Bodenbewegung)
- Juli 2021: Fertigstellung Erdplanum (22.000 m³ Bodenstabilisierung mit Kalk-Zementgemisch)
- August 2022: Fertigstellung Rohbau
- dann Bauausführung
- Juni 2023: der Kreisbauhof ist bezugsfertig

Genehmigungsverfahren

- Änderung des Flächennutzungsplans
- Aufstellen eines vorhabenbezogenen Bebauungsplans
- Baugenehmigungsverfahren

Im Vordergrund der Planung stand der Bau aus nachhaltigen Rohstoffen:

- Kubus Verwaltung in Holkonstruktionsbauweise
- Halle in Metallsandwichverkleidung
- Salzhalle in Hybridbauweise (Beton und Holz)

Spezifische technische Anforderungen an den Neubau

- Unterstellplätze für Fahrzeuge
- Lagermöglichkeiten für Ausstattung der Werkstatt
- Salzverladung und Nutzung Salzsole
- Wasch- und Tankmöglichkeiten
- Barrierefreiheit
- ausreichend Sanitärräume für Männer und Frauen

Der neue Standort liegt zentral im Kreisgebiet Paderborn. Im unmittelbaren Umfeld des Kreisbauhofs befinden sich die B1/B64 und die A33.

Veranschlagte Kosten

12 Mio. Euro

Tatsächliche Kosten

13,15 Mio. Euro (Förderstandard KfW-40-Haus)

Verantwortliches Architekturbüro

Planquadrat Gaiser & Partner mbB
Leopoldplatz 1
72488 Sigmaringen
www.planquadrat-gaiser.de
kontakt@planquadrat-gaiser.de

Beteiligte Firmen

Zahlreiche unterschiedliche Firmen, da jede Leistung einzeln ausgeschrieben wurde.

Die Ausstattung

- Tankstelle
- Hackschnitzelheizung
- Zisterne für Regenwasser (1.000 m³, davon 200 m³ Löschwasservorrat und 800 m³ Brauchwasser für Reinigung, Soleerzeugung, Bewässerung); 4.400 m³ Regenwasser/Jahr (5.500 m² Dachfläche * 800 mm Niederschlag/Jahr)
- Salzverladung im Trockenen

Bild 4: Die neue Regenwasserzisterne. (Quelle: Kreis Paderborn)

- Kompakthalle mit Einbahnstraßenverkehr
- gemeinsamer Standort von Verwaltung und Bauhof

Ökologische Besonderheiten

- Blühwiese
- PV-Anlage auf allen Dächern (530 kW Peak)
- Bau aus nachhaltigen Rohstoffen
- Amphibienschutzsysteme: zwei Amphibientunnel mit je 16 m Länge im Bereich der Zufahrt; 400 m Amphibienleitsystem zwischen Wald und Zufahrt; 560 m Amphibienleitsystem um den Bauhof
- Hackschnitzelheizung mit Fernwärmebindung an das Entsorgungszentrum A.V.E. Eigenbetrieb (ein Biomassekessel 300 kW, ein Biomassekessel 200 kW; 10 m^3 Pufferspeicher)
- Hackschnitzelherstellung aus eigenem Material (Straßenbegleitgrün)

Bild 5: Wände und Decken des Verwaltungsgebäudes sind aus Brettsperrholz. (Quelle: Kreis Paderborn)

Bild 6: Riegel, Streben und Pfetten. (Quelle: Kreis Paderborn)

Bild 7: *Wechselrichter hinter der Fahrzeughalle (Quelle: Kreis Paderborn)*

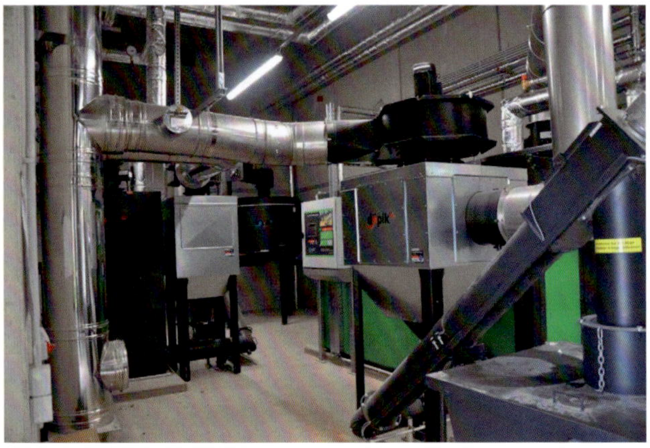

Bild 9: *Biomassekessel für Hackschnitzelheizung. (Quelle: Kreis Paderborn)*

Gebäude

- Maschinenhallen
- Verwaltungsgebäude

Erdbau

- Oberbodenabtrag: 9.500 m²
- Bodenbewegung (Abtrag/Umlagerung): 23.000 m²
- Bodenstabilisierung (Kalk/Zementgemisch): 22.000 m²
- RC-Schotter als Frostschutz- und Tragschicht: 6.000 t
- Asphaltdecke: 5.000 m²

Die Bauzeit wurde direkt von den Folgen der Coronapandemie beeinflusst. Diese gab Anlass, auf einen Zweischichtbetrieb umzuplanen, was getrennte Sanitär-, Umkleide- und Aufenthaltsräume zur Folge hatte.

Hinzu kamen Schäden durch einen Tornado im Mai 2022. Die Materialversorgung hingegen verlief reibungslos und ohne Probleme.

Die Kommunikation zwischen Verantwortlichen, Planern und Architekten lief gut. Zum Austausch gab es wöchentliche Besprechungstermine, teilweise vor Ort, teilweise als Telefonkonferenz.

Hinsichtlich des Arbeitsschutzes wurden eine Kohlenstoffmonoxid-Meldeanlage und eine Brandmeldeanlage eingebaut. Für die Mitarbeitenden gab es zudem Gefährdungsbeurteilungen und Unterweisungen.

Die Einwohnerschaft und Öffentlichkeit wurde über die lokale Presse auf dem Laufenden gehalten. In Kombination mit dem Weltkindertag gab es zudem einen Tag der offenen Tür.

Nach der Fertigstellung

Unter den Mitarbeitenden herrschte zunächst Skepsis wegen der Zentralisierung. Inzwischen herrscht jedoch ein hoher Grad an Wohlbefinden und Freude über das neue Gelände und die Räumlichkeiten.

Bild 8: *Auch ein Amphibientunnel befindet sich am Bauhof. (Quelle: Kreis Paderborn)*

Bild 10: *Ein 560 m langes Amphibienleitsystem geht um den Bauhof herum. (Quelle: Kreis Paderborn)*

***Bild 11:** (Quelle: Kreis Paderborn)*

***Bild 12:** (Quelle: Kreis Paderborn)*

Spürbare Verbesserungen durch den Neubau

- Automatisierung von Arbeitsabläufen
- Zeitersparnis
- besserer Zusammenhalt durch Pausenraum
- Rückzugsort für Verwaltungsarbeit
- Nähe der Führungskraft zum Baubetriebshof
- bessere Vertretungsmöglichkeiten
- Planung des Fuhrparks
- kurze Kommunikationswege

Paderborn

Einwohner: ca. 314.000
Fläche: 1.246,78 km^2

Kontakt

Timm Rosenthal
Kreisstraßenbauamt
Alte Schanze
33106 Paderborn
rosenthalt@kreis-paderborn.de
www.kreis-paderborn.de

Timm Rosenthal über den Neubau

Zusammengefasst kann man sagen, dass es der richtige Weg war: Die Synergieeffekte sind enorm, das Zusammenwachsen zu einem Team ist spürbar. Leider bleibt bei einer Zentralisierung und den daraus resultierenden Standortwechseln auch immer der Beigeschmack, dass ein Teil der Mitarbeitenden einen weiteren Anfahrtsweg hat.

Wahre
HELDEN
sind unsichtbar
der bauhof Leiter
macht SIE sichtbar!
© ANGHI – stock.ad
Jetzt Zeitschrift testen unter
www.bauhof-leiter.de/probeheft

Baubetriebshof Stadt Papenburg: Alle mitnehmen per Baustellentagebuch

Bild 1: *Auf dem neuen Gelände in Papenburg befinden sich zwei Hauptgebäude: ... (Quelle: Stadt Papenburg)*

Der neue Bauhof im niedersächsischen Papenburg liegt im groben Mittelpunkt zwischen den drei größten Ortsteilen Untenende, Obenende und Aschendorf, als zentraler Ausgangspunkt für die Mitarbeitenden und ihre Tätigkeiten. Der Standort liegt in einem zu erweiternden Gewerbegebiet.

Der Neubau war nötig, da es am alten Standort zu wenig Platz und keine Erweiterungsmöglichkeiten gab, während die Aufgaben wuchsen. Das alte Gelände war zudem mitten in einem Wohn-/Mischgebiet und in unmittelbarer Nähe zu einer großen Einrichtung für Menschen mit Behinderung. Die Verkehrssituation in Kombination mit hoher Lärmemission (v. a. im Winter) war problematisch.

Auf der städtischen Homepage wurde regelmäßig über die Bauzeit berichtet, damit Interessierte direkt Impressionen erhielten. Auf der Homepage der Stadt finden sich die Bilder noch immer (www.papenburg.de, Stichwörter: Bauhof Tagebuch).

Zahlen und Fakten zum neuen Bauhof

- Spatenstich: 01.10.2020
- erster Arbeitstag: 19.09.2022
- Gesamtgrundstück: 27.570 m^2
- Bauhoffläche: 21.070 m^2
- Grundfläche Gebäude: 3.090 m^2
- Geschossfläche: 2.940 m^2
- Bruttorauminhalt: 3.100 m^3

Adresse

Schulze-Delitzsch-Straße 21
26871 Papenburg

Hauptaufgabenfelder des Bauhofs

- Parks, Grünanlagen und Straßenbegleitgrün
- Sportplatzpflege
- Unterhaltung der Grünanlagen
- Unterhaltung von Straßen, Rad- und Fußwegen inkl. Verkehrszeichen
- Stadtreinigung
- Kanal- und Grabenreinigung

Bild 2: *... das erste für die Verwaltung, mit Büros, Sozialräumen und Sanitärbereichen, ... (Quelle: Stadt Papenburg)*

Bild 3: *... das zweite ist die große Halle für verschiedene Zwecke. (Quelle: Stadt Papenburg)*

Bild 4: *Die Arbeiten in den Außenbereichen wurden intern durchgeführt. (Quelle: Stadt Papenburg)*

- Unterhalt von Holzbrücken
- Sanierungsarbeiten im Hochbau
- Winterdienst

Personal am Bauhof

58 Mitarbeitende

Der zeitliche Ablauf

Erste Pläne für den Neubau bestanden bereits 2014, wegen der angespannten Haushaltslage wurde das Projekt aber 2015 zunächst auf Eis gelegt. Erst Ende 2018 wurden die Überlegungen und Planungen wieder konkret.

- 2019: VgV-Verfahren für Vergabe der Generalplanungsleistungen + Vergabe sonstiger Gutachten
- 2020: Planungsphase mit Generalplaner
- Sommer 2020: Bodenaustausch
- Oktober 2020: offizieller Baustart
- September 2022: Gesamtfertigstellung

Da die Bauleitplanung für die GE-Gebietserweiterung zum Projektstart bereits abgeschlossen war, musste lediglich ein Bauantrag bei der Bauaufsichtsbehörde der Stadt Papenburg eingereicht und genehmigt werden. Der Landkreis Emsland war nur beim Thema Brandschutz beteiligt.

Spezifische Vorgaben

- Werkstatthalle mit Kfz-Werkstatt einschließlich Grube + Bekranung
- Schlosserei
- Tischlerei/Zimmerei
- Waschhalle mit Vorwaschplatz für Betriebsfahrzeuge
- Salzhalle und Salzsilos
- diverse Lagerräume und Außenlagerflächen für Tiefbau, Hochbau, Stadtgärtnerei, Kinderspielplätze etc.
- Kfz-Unterstellplätze
- kompakte Bauweise für kurze Wege
- räumliche Trennung von Sozialgebäude (mit Umkleiden, Pausenraum und Verwaltung) und Werkhalle (kombinierte Fahrzeug-, Werkstatt- und Lagerhalle)
- geschlossene Unterbringung von zehn Winterdienstfahrzeugen
- Sozialräume + Umkleiden nach heutigen Standards und ArbStättV
- großer Pausenraum mit Beamertechnik
- Teeküche mit Arbeitsplätzen für digitale Arbeitsschutzunterweisungen

Besonderheiten

- Die kombinierte Fahrzeug-, Werkstatt- und Lagerhalle verfügt in Teilen über ein Obergeschoss, das zusätzlichen Stauraum bietet.
- Im Außenbereich sind Erweiterungsflächen vorhanden.
- zwei Salzsilos mit Soleerzeuger für einen modernen Winterdienst
- neue Späne-Absaugung für Tischlerei/Zimmerei

- Die Waschhalle mit Vorwaschplatz und Abscheidetechnik verfügt über einen 50.000-l-Erdtank, um Regenwasser für die Fahrzeugwäsche nutzen zu können.
- große Carportanlagen auf der Nord- und Südseite der Werkhalle für Fahrzeuge und Arbeitsvorbereitungen unter Dach
- Sozialgebäude im KfW-55-Haus-Standard
- kombinierte Werkhalle im KfW-70-Haus-Standard
- Solarthermie auf Sozialgebäude

Umsetzung

Der Großteil der Umsetzung erfolgte im Zuge der Generalplanung mit dem beauftragten externen Planerteam (Ingenieurgesellschaft Nordwest mit Ingenieurgesellschaft HIT High Tech für TGA-Planung/Technische Gebäudeausrüstung).

Die Außenanlagenplanung erfolgte samt Umsetzung im eigenen Haus.

Veranschlagte Kosten

5,55 Mio. Euro brutto (Kostenschätzung von 2015)

Tatsächliche Kosten

6,16 Mio. Euro (Kostenaufstellung von 2023)

Verantwortliches Architekturbüro

Ingenieurgesellschaft Nordwest mbH
Frieslandstraße 2
26125 Oldenburg
www.ing-nordwest.de
info@ing-nordwest.de
+49 441 96193-0

Die Gebäude am neuen Bauhof

- Sozialgebäude mit Umkleiden, Sanitäranlagen, Pausenraum und Verwaltung
- kombinierte Fahrzeug-, Werkstatt- und Lagerhalle
- Salzhalle
- Remise/Carportanlage
- MA-Radstand

Während der Bauphase

Die Materialversorgung funktionierte trotz der vorherrschenden Coronapandemie relativ gut.

Bei der Beschaffung der Baustoffe gab es nur wenige Verzögerungen.

Die Kommunikation zwischen der Projektleitung (Stadt Papenburg), dem Generalplanerteam und dem Bauhof verlief gut.

Es gab jede Woche eine Planerrunde einschl. Protokoll mit den To-dos für das Planerteam, auch noch während der Bauphase. Die Projektsteuerung erfolgte ebenfalls über die Projektleitung der Stadt Papenburg.

Aus Kostengründen wurde darauf verzichtet, wie ursprünglich geplant eine eigene Betriebstankstelle zu errichten.

Bild 5: *Die Halle bietet große Carportbereiche auf zwei Seiten. (Quelle: Stadt Papenburg)*

Bild 6: *Im Außenbereich stehen zwei Salzsilos. (Quelle: Stadt Papenburg)*

Bild 7: Für die Mitarbeitenden gibt es einen überdachten Radstand. (Quelle: Stadt Papenburg)

Bild 8: Die neue Salzhalle. (Quelle: Stadt Papenburg)

Arbeitsschutz- und Sicherheitsmaßnahmen

- ausreichend großer Sozialraum mit angrenzendem Erste-Hilfe-Raum und Computer-Arbeitsplätzen für digitale Arbeitsschutzunterweisungen (derzeit mit SECOVA)
- Gefahrstofflager (Gaslager)
- frostfreie Waschhalle
- Trockenraum für Arbeitskleidung
- Duschen und Umkleide

Infos für Mitarbeitende und Öffentlichkeit

Für den Betrieb der neuen Salzsilos erhielten die Mitarbeitenden eine Einführung. Da die Arbeitsabläufe sich, davon abgesehen, nicht verändert haben, waren weitere Schulungen nicht notwendig.

Die Bevölkerung konnte sich auf der Homepage der Stadt mit dem Baustellentagebuch auf dem aktuellen Stand halten. Darüber hinaus gab es regelmäßige Projekt-Berichterstattung (Sachstandsberichte und Kostencontrolling) in politischen Gremiensitzungen (Fachausschuss, Verwaltungsausschuss und Rat der Stadt Papenburg) – sowohl während der Planungs- als auch während der Bauphase. Durch aktive Pressearbeit wurde u. a. über Spatenstich und die Fertigstellung berichtet. Nach Bauende gab es zudem einen Tag der Offenen Tür.

Das Feedback der Mitarbeitenden fällt überwiegend positiv aus, v. a. wegen der besseren Arbeitsbedingungen: mehr Platz für die Arbeitsvorbereitung und Lagerung, modernere Umkleiden und Sanitäranlagen, größerer Pausenraum und kürzere Wege zwischen den einzelnen Fachgruppen.

Durch den großen Sozialraum ist das morgendliche Treffen zur Arbeitseinteilung vereinfacht. Hervorzuheben sind zudem die Duschen für alle und die Tee-/Kaffeeküche. Durch die übersichtliche Zusammenlegung der Lager lassen sich Fahrzeiten einsparen. Die Fachgruppenleiter können nun zudem in ihren eigenen Büros mit ihren Mitarbeitenden sprechen, ohne dabei gestört zu werden.

Fazit der Stadt

Der neue Baubetriebshof der Stadt Papenburg wird politisch und verwaltungsseitig als erfolgreiches Neubauprojekt bewertet und wahrgenommen. Der Bauhof verfügt am neuen Standort über eine sehr gute Lage und Anbindung an die einzelnen Ortsteile, hervorragende Arbeitsbedingungen nach den neuesten Standards (ArbStättV u. Ä.), ist zukunftsfähig aufgestellt und expandierbar. Vor allem für die Mitarbeitenden bietet er einen Mehrwert durch bessere und effizientere Arbeitsbedingungen, wodurch der Bauhof die vielfältigen Aufgaben im Stadtgebiet optimal bewältigen und für die Zukunft sicherstellen kann.

Stadt Papenburg

Einwohner: ca. 39.000
Fläche: 118,44 km^2

Kontakt

Matthias Olbrich
Leitung Projektmanagement Hochbau
Stadt Papenburg
Hauptkanal rechts 68-69
26871 Papenburg
+49 4961 82 5275
matthias.olbrich@papenburg.de

Betriebshof Gemeinde Uelvesbüll: Modernisiert für den Küstenschutz

Bild 1: *Der Bauhof in Uelvesbüll übernimmt hoheitliche Aufgaben für den Küstenschutz. (Quelle: LKN.SH)*

Der schleswig-holsteinische Landesbetrieb für Küstenschutz, Nationalpark und Meeresschutz (LKN.SH) hat seit 2023 ein neues Gelände in Uelvesbüll. "Der Bauhof ist für uns von elementarer Bedeutung und deshalb an dieser Stelle unverzichtbar", sagte LKN-Direktorin Birgit Matelski 2021. "Es gibt in unmittelbarer Nähe keine alternativen Standorte. Und auf andere Bauhöfe können wir wegen der großen Entfernungen und fehlender Kapazitäten nicht ausweichen."

Der Bauhof Uelvesbüll ist der einzige Betriebshof des Baubetriebs 2 auf Eiderstedt und dient auch als Lagerplatz und Basisstation für die Wasserbauer-Kolonnen in diesem Abschnitt. Außerdem befindet sich hier im Katastrophen- bzw. Sturmflutfall die örtliche Abschnittführungsstelle. Das Gelände ist in exponierter Lage direkt am Deich im nördlichen Eiderstedt. Der Standort wurde aus küstenschutztechnischen Gründen in dieser direkten Lage am Deich gewählt. Der "alte" Betriebshof befand sich ebenfalls dort. Die Lage ist optimal für die Küstenschutzarbeiten an diesem Küstenabschnitt. Der "alte" Betriebshof wird im Zuge einer Deichverstärkung im nördlichen Eiderstedt überbaut und musste daher versetzt am selben Standort neugebaut werden. Dabei wurde so wenig wie möglich in den Naturraum eingegriffen.

Zahlen und Fakten zum neuen Bauhof

- Spatenstich: 11.11.2021
- erster Arbeitstag: 01.02.2023
- Gesamtgrundstück: ca. 16.750 m^2
- Betriebshoffläche: ca. 9.200 m^2

Adresse

Uelvesbüller Koog 4a
25889 Uelvesbüll

Bild 2: *An den Baumaßnahmen waren viele verschiedene Firmen beteiligt. (Quelle: LKN.SH)*

Bild 3: *Bauherr des Projekts war das Land Schleswig-Holstein. (Quelle: LKN.SH)*

Bild 4: *Beim Bau wurde darauf geachtet, möglichst wenig in die Umwelt einzugreifen. (Quelle: LKN.SH)*

Hauptaufgabenfelder des Betriebshofs

- gesetzliche und hoheitliche Aufgaben im Bereich des Küstenschutzes zur Daseinsvorsorge von Mensch und Material an der Nordseeküste Schleswig-Holsteins
- Deichunterhaltung
- Lahnungsbau
- Vorlandgewinnung
- Einsätze im Katastrophen- und Sturmflutfall

Personal am Betriebshof

10 Mitarbeitende

Der zeitliche Ablauf

- 2018: Planungsbeginn mit Bedarfsermittlung
- 2020: Genehmigung der geplanten Baumaßnahme mit Erteilung des Bauauftrags an die Gebäudemanagement Schleswig-Holstein AöR (GM.SH)
- März 2021: Baubeginn
- Februar 2023: Indienststellung

Die Prüfung und Genehmigung der Baumaßnahme erfolgte durch die GM.SH unter Beteiligung der baufachlich zuständigen Behörden (Naturschutzbehörde, Küstenschutzrechtliche Genehmigung).

Spezifische Vorgaben

- beheizte Werkstatt für die Instandsetzung von Geräten und Maschinen
- ausreichend Unterstellflächen für Küstenschutzfahrzeuge und Geräte
- Tankanlage und Waschplatz mit Abscheider
- Lagerfläche für Küstenschutzmaterial
- Netzersatzanlage durch Photovoltaik mit Speichermodulen für den autarken Betrieb bei Katastrophenfällen

Besonderheiten

- Ausstattung des Betriebshofs mit einem Perimeterschutz für die Absicherung und Überwachung
- Einzäunung des gesamten Geländes
- ressourcensparende Luft-Wasser-Wärmepumpe für die Heiztechnik
- Photovoltaikanlage zum Eigenverbrauch
- primärer Schutz von sensiblen Daten im IT-Bereich (BSI-Grundschutz, Datenschutz)

Für den digitalen Bereich wurde im Rahmen eines Pilotprojekts ein externes IT-Fachunternehmen beauftragt.

Veranschlagte Kosten

1,95 Mio. Euro

Tatsächliche Kosten

2,48 Mio. Euro

Verantwortliches Architekturbüro

Verantwortlich war die Gebäudemanagement Schleswig-Holstein AöR unter Beteiligung von freiberuflichen Planungs- und Ingenieurbüros für Statik, Baugrunduntersuchung usw.

Gebäudemanagement Schleswig-Holstein AöR
Küterstraße 30
24103 Kiel
+49 431 599-0
mail@gmsh.de
www.gmsh.de

Beteiligte Firmen

- Boysen Bauunternehmen GmbH & Co. KG, 24860 Böklund: Erweiterter Rohbau
- Stadelmann Bauunternehmen Hoch- und Tiefbau GmbH, 24837 Schleswig: Tiefbauarbeiten
- Malereibetrieb Bellendorf GmbH & Co. KG, 25879 Süderstapel: Malerarbeiten
- Tischlerei Volquardsen, 25866 Rosendahl: Tischlerarbeiten innen/außen
- Hans Thormählen GmbH & Co. KG, 26939 Großenmeer: Erdungs- und Blitzschutzanlage
- Elektro Lorenzen GmbH, 25873 Rantrum: Elektroarbeiten
- Holsteiner Kabel- und Leitungsbau Willi Pohl GmbH & Co. KG, 24594 Hohenwestedt: Heizung-, Lüftung-, Kälte- und Sanitärarbeiten
- B & S Küchen GbR: Küchen
- Johannsen GmbH: Änderung der Tankanlage
- Gebäudereinigung Rubel GmbH & Co. KG, 24357 Fleckeby: Bauendreinigung
- WBV: Hausanschluss
- ATS: beschichtete Edelstahlpoller, elektronische Schließanlage, V4A-Edelstahl-Halbrundschienen, Beschilderungen, Halterungen, Tankanlage
- Grünbeck AG, 89420 Höchstädt a. d. Donau: Wasseraufbereitung, Analyse Heizungswasser
- Knutzen Wohnen GmbH, 24941 Flensburg: Plisseeanlage
- thiesen+bremser ingenieurbüro für bauwesen, 25813 Husum: Tragwerksplanung
- Dipl.-Ing. Bernd Abeling, 25813 Husum: Prüfstatik
- GSB Grundbauingenieure Schnoor + Brauer GmbH, 24796 Bredenbek: Baugrundgutachten
- Schleswig-Holstein Netz GmbH, 25451 Quickborn: Baustromanschluss, Stromanschl.-/Anlagenänderung
- TÜV Nord AG, 30519 Hannover: Begutachtung Anlage
- Vermessungsbüro Jürs GbR, 25813 Husum: Gebäudeeinmessung
- Küsten Energie Technik GmbH, 25813 Husum: Photovoltaikanlage

Bild 5: *Die Fahrzeughalle verfügt über elektrische Sektionaltore. (Quelle: LKN.SH)*

Die Gebäude am neuen Bauhof

- Betriebsgebäude (Büro, Besprechungsraum mit Küche, Toiletten, Duschen, Umkleideräume, Trockenräume, Technikraum, Drucker- und Kopierraum, Hausanschlussraum)
- Fahrzeughalle mit elektrischen Sektionaltoren für Küstenschutzgeräte und Fahrzeuge mit beheizter Werkstatt und Tankraum

Während der Bauphase

Während der Bauzeit traten mehrere Schwierigkeiten auf. So fluteten etwa extrem starke Regenfälle die Baugrube, in deren Bereich zudem ohnehin ein hoher Grundwasserstand vorlag. Zudem gab es die Probleme einer Winterbaustelle.

Die Materialversorgung verlief hingegen reibungslos. Lieferengpässe gab es nicht.

Die Kommunikation zwischen Gemeinde, Bauhof und Architekten verlief reibungslos. Die Kooperation der Beteiligten war gut und zielführend. Die ursprünglichen Planungen konnten alle umgesetzt werden.

Mitarbeitende und Einwohner

Die Mitarbeitenden wurden nach Inbetriebnahme des Bauhofs in die neue Technik eingewiesen. Zusätzlich finden Unterweisungen im Rahmen des Arbeitsschutzes statt (der LKN.SH ist ein zertifizierter Arbeitsschutzbetrieb).

Die unmittelbaren Einwohner wurden im Rahmen eines Richtfests eingeladen, um sich über den Neubau zu informieren. Zuvor fanden bereits Informationsgespräche mit den unmittelbaren Nachbarn statt. Das sorgte für eine gute Akzeptanz des Neubauprojekts.

Bild 6: Im Betriebsgebäude befinden sich neben Büro und Besprechungsraum auch Umkleiden und ein Drucker-/Kopierraum. (Quelle: LKN.SH)

Das Feedback der Mitarbeitenden fällt durchweg positiv aus und ist geprägt von großer Zufriedenheit über die Modernisierungen des für die Zukunft ausgerichteten Betriebshof mit modernen Büroarbeitsplätzen und funktionalen Räumen.

Spürbar ist eine Steigerung der Motivation. Zudem können Arbeitsabläufe optimiert werden und die arbeitsschutzrechtlichen Verbesserungen dienen der Gesundheitsfürsorge und dem Schutz der Mitarbeitenden.

Fazit

Das Gemeinschaftsprojekt des LKN.SH und der GM.SH ist aus energetischer und küstenschutztechnischer Sicht als Leuchtturmprojekt anzusehen. Durch Erbringung von Eigenleistungen des LKN.SH konnten die Kosten für das Projekt erheblich gesenkt werden. So wurde z. B. der Baugrund vorbereitet und hergestellt, 7.500 t Füllsand und 2.300 t Frostschutzkies sowie 600 t Asphaltfräsgut für die notwendige Baustraße wurden transportiert und durch den LKN.SH verarbeitet. Hinzu kamen die Herstellung des Entwässerungsgrabens sowie der Abbruch und die fachgerechte Entsorgung des alten Baubestands.

Mit dem Neubau des Betriebshofs in Uelvesbüll werden energie- und ressourceneinsparende, effiziente, moderne und zukunftsorientierte Arbeitsstätten für die Aufgaben des LKN.SH im Küsten- und Katastrophenschutz in der Region zur Verfügung gestellt. Es wird somit ein erheblicher Beitrag für den Küstenschutz in Schleswig-Holstein geleistet.

Gemeinde Uelvesbüll

Einwohner: 303
Fläche: 10,23 km^2

Kontakt

Christian Engel
Landesbetrieb für Küstenschutz, Nationalpark und Meeresschutz
Fachbereich Innerer Dienst, Arbeits- und Gesundheitsschutz
Betriebssitz Husum
Herzog-Adolf-Straße 1
25813 Husum
+49 4841 667 102
christian.engel@lkn.landsh.de
www.lkn.schleswig-holstein.de

Baubetriebshof Stadt Ulm: Projekt in drei Bauabschnitten

Bild 1: *Verschiedene Standorte des Ulmer Baubetriebshofs wurden im angrenzenden Neu-Ulm zusammengelegt. (Quelle: Conné van d' Grachten)*

Der Baubetriebshof der Stadt Ulm ist als Abteilung innerhalb der Hauptabteilung VGV im Fachbereich 3 der Stadt Ulm angesiedelt. Er versteht sich als interner Dienstleister, insbesondere im Unterhalt und Pflege der öffentlichen Flächen. Zusätzlich angeboten werden vielfältige handwerkliche Dienstleistungen.

Das Ziel des Neubaus war die Zusammenlegung von mehreren Standorten, um die Arbeitsabläufe zu optimieren und die Verkehrsanbindung zu verbessern.

Nach Gründung und Neukonzeption im Jahr 2005 ist der Baubetriebshof mit Abschluss der Arbeiten von ehemals 13 Stützpunkten auf zwei Stützpunkte im Kaltwässerle in Neu-Ulm und in der Gutenbergstraße in Ulm reduziert und gleichzeitig modernisiert. Die Entscheidung für ein Gesamtnutzungskonzept und die Zusammenlegung im Kaltwässerle fiel 2013. Wegen der Nähe zu den Flüssen Donau und Iller mussten die Liegenschaften vor Hochwasser geschützt werden. Die Umsetzung erfolgte in drei Bauabschnitten. Der letzte wurde 2024 fertiggestellt.

Zahlen und Fakten zum neuen Baubetriebshof

- Gesamtgrundstück: 24.985 m^2
- bebaute Fläche: ca. 11.000 m^2

Adresse

Am Kaltwässerle 21
89231 Neu-Ulm

Hauptaufgabenfelder des Baubetriebshofs

Die Hauptaufgabenfelder des Ulmer Baubetriebshofs sind alle Verkehrssicherungspflichten im öffentlichen Raum. Hierfür stehen Werkstätten für die Gewerke Schreiner, Elektro, Technik, Mobiliar, Verkehr und Schlosser zur Verfügung.

Personal am Baubetriebshof

120 Mitarbeitende

Bild 2: Die Arbeiten auf dem Gelände dauerten insgesamt über zehn Jahre. (Quelle: Stadt Ulm)

Der zeitliche Ablauf

- 2007: erste städtebauliche Studien
- 2011: Projektbeschluss
- 2012: Planung des ersten Bauabschnitts
- 2013: Baubeschluss 1. Bauabschnitt (Werkstattgebäude Teil 1, Schreinerei und Montagehalle)
- 2014: Fertigstellung des 1. Bauabschnitts
- 2017: Baubeschluss 2. Bauabschnitt (Büro- und Werkstattgebäude Teil 2, Bereiche Elektro, Technik, Mobiliar und Schlosserei)
- 2019: Fertigstellung des 2. Bauabschnitts
- 2020: Baubeschluss 3. Bauabschnitt (Fahrzeughalle, Sachgebiet Verkehrsfläche)
- 2024: Fertigstellung des 3. Bauabschnitts

Die städtebaulichen Studien wurden in politischer Gremienarbeit abgestimmt und es fand eine Optionsabwägung vor dem Projektbeschluss statt. Für die drei Bauabschnitte wurden drei separate Bauanträge bei der Stadt Neu-Ulm erstellt.

Der Standort

Der Standort wurde im Projektbeschluss nach Abklärung der Optionen gewählt. Auf dem Grundstück befand sich schon der bestehende Baubetriebshof und es konnte das Nachbargrundstück für den Neubau hinzugezogen werden.

Der Standort wurde beibehalten, da es dort eine gute Verkehrsanbindung in alle Stadtteile gibt.

Spezifische Vorgaben

- optimierte Arbeitsabläufe mit Anlieferung, Produktion und Abholung der fertigen Produkte in den Werkstätten (Durchwegung von Nord nach Süd und Umfahrt um das Gebäude)
- staubfreie Arbeitsplätze im Werkbereich mit PC-Anschluss
- Geländeaufschüttung zum Hochwasserschutz

Bild 3: Die Fahrzeughalle ist eine leicht gedämmte Industriehalle mit angrenzender Wasch- und Tankstraße. (Quelle: Conné van d' Grachten)

Besonderheiten

- Zusammenlegung der Büro-, Sozial- und Werkstattbereiche
- offene/geschlossene Arbeitsflächen in der Montagehalle und den Werkstätten
- Dach ist für Solaranlage ausgelegt
- Rohbau ist gleichzeitig der Ausbau
- Mauerwerk in den Werkstätten wurde sichtbar gelassen
- Bürogebäude besteht aus Sichtbetonwänden als gedämmtes Betonfertigteil

→ Kosten gespart und Langlebigkeit ohne Wartungsaufwand als Ziel

Der Bedarf MA/Maschinen wurde je Einheit festgelegt und auf den vorhandenen Platz zusammen mit den Beschäftigten verteilt. Nach dem Motto "alles unter einem Dach" befinden sich sowohl die Büro- und Sozialräume als auch die Werkstätten unter einem Dach. Somit entstehen kurze Wege und die Arbeitsabläufe wurden wesentlich verbessert.

Bild 4: Als Rohstoffe für die Fahrzeughalle dienten Stahl und Holz. (Quelle: Conné van d' Grachten)

Bild 5: *Aus Gründen des Hochwasserschutzes musste das Gelände erhöht werden. (Quelle: Conné van d' Grachten)*

Veranschlagte Kosten

8,76 Mio. Euro
Davon 3,15 Mio. Euro für den 1. Bauabschnitt, 3,87 Mio. Euro für den 2. Bauabschnitt und 1,74 Mio. Euro für den 3. Bauabschnitt.

Tatsächliche Kosten

Die veranschlagten Kosten wurden eingehalten.

Verantwortliches Architekturbüro

hochstrasser.gesellschaft für architektur mbh
Karpfengasse 5
89073 Ulm
https://hochstrasser.com
info@hochstrasser.com
+49 731 935 11 0

Beteiligte Firmen

- HALTEC Hallensysteme GmbH, 70825 Korntal-Münchingen: Hallenbau
- Eggert Stahlbau, 89613 Oberstadion: Hallenbau
- HS Hallensysteme, 56249 Herschbach: Hallenbau
- Hallenbau Ulm GmbH, 89079 Ulm: Hallenbau
- Hagenmaier, 89129 Langenau-Albeck: Holzbau
- Holzbau Mayer, 89312 Günzburg: Holzbau
- Holzbau Moser, 09634 Hirschfeld: Holzbau
- Beyer Holzbau, 07907 Dittersdorf: Holzbau
- Elektro-Tröger GmbH, 89077 Ulm: Fachplaner
- mhd Brandschutz, 89077 Ulm: Brandschutzgutachten
- Kathrin Grewolls, 89077 Ulm: Brandschutzgutachten
- sinfiro, 72336 Bailingen: Brandschutzgutachten
- Schirmer, 89081 Ulm: Bodengutachten
- Hausmann und Walk, 89073 Ulm: Tragwerksplanung
- EPU Elektroplanung, 89073 Ulm: Elektroplanung
- Ulma Energieconsult, 89079 Ulm: Heizung, Lüftung, Medien
- Prüf- und Sachverständigenbüro Dipl.-Ing. Ulf Müllenberg, 99423 Weimar: Prüfung Brandschutzkonzept
- AST GmbH, 89134 Blaustein-Dietingen: SiGeKo
- Ingenieurbüro Kiessling GmbH, 89073 Ulm: Bauphysik, ENEV-Nachweis
- Bantel GmbH, 89537 Giengen an der Brenz: HLS-Installation Heizung, Sanitär
- BeBeTe, 89129 Langenau: Betonbohr- und Schneidearbeiten
- Concrete Rudolph GmbH/Subunternehmen Fa. Hubert Schmid, 88171 Weiler-Simmerberg: Erd-, Mauer- und Stahlbetonarbeiten

Bild 6: *Die Büro- und Sozialräume schließen als Kopfbau an die Werkstätten und Lagerflächen an. (Quelle: Conné van d' Grachten)*

- Einenkel Toranlagen GmbH, 89079 Ulm: Stahltüren
- Eremia Parkettdesign, 72461 Albstadt: Parkett
- Freiherr von Poschinger Glasmanufaktur, 94258 Frauenau: Glasmanufaktur
- Friedrich Burk GmbH & Co KG, 88213 Ravensburg: Metallbauarbeiten (Sandwich-Element-Fassade)
- Gerüstbau Dullenkopf GmbH & Co KG, 89250 Senden-Aufheim: Gerüstarbeiten
- GSR-Theo, 89520 Heidenheim: Trockenbau
- GW Weber GmbH & Co KG, 89081 Ulm: Verfugung
- Heinrich & Schleyer GmbH, 97318 Kitzingen: Möbel Werkstatt
- Hubert Schmid Bauunternehmen GmbH, 87616 Marktoberdorf: Erd-, Mauer- und Stahlbetonarbeiten
- Ißbrücker Fliesen GbR, 72810 Gomaringen: Fliesen
- Kohn GmbH, 89231 Ulm: Bodenbelag
- Kraus + Kübrich Blitzschutzbau/Subunternehmen Fa. Tröger, 89129 Langenau: Elektroarbeiten Blitzschutzanlage
- Kurt Laux GmbH & Co KG, 88400 Biberach/Riss: Estricharbeiten
- Malermeister Thomas Probst, 89079 Ulm-Wiblingen: Maler- und Lackierarbeiten
- Peschke-Cau GmbH, 89257 Illertissen-Au: Baureinigungsarbeiten
- Roscher Metallverarbeitung, 89075 Ulm: Metallarbeiten
- RoWa Stuckateurmeister GmbH, 89075 Ulm: Putz- und Stuckarbeiten
- Salzmann GmbH, 89188 Merklingen: Fenster (Holz-Alu-Fenster)
- Saul GmbH, 89275 Elchingen: HLS-Installation Lüftung
- Schmidle Dachbau, 89081 Ulm: Dachabdichtungsarbeiten
- Schreinerei Schweitzer, 89073 Ulm: Tischler
- Xaver Lutzenberger GmbH & Co KG, 87772 Pfaffenhausen: Außenanlagen
- Zweygart Fachhandelsgruppe GmbH & Co KG Sicherheitstechnik, 89081 Ulm/Lehr: Beschlagsarbeiten Schließanlage

Die Gebäude am Areal

- Büro- und Werkstattgebäude (1./2. Bauabschnitt)
- Fahrzeughalle (3. Bauabschnitt)
- Lagergebäude, die schon vor dem Neubau bestanden
- Freiflächen mit Lagermöglichkeiten

Der Aufbau

Der Neubau befindet sich auf einer circa einen Meter hohen Geländeaufschüttung. Diese wurde mit einer Umfahrung um das gesamte Gebäude errichtet. Das erhöhte Gelände wird über zwei Rampen erschlossen. Die Umfahrt ist zwölf Meter breit und damit ausreichend für Be- und Entladungsvorgänge. Das Gebäude ist in drei Nutzungseinheiten unterteilt: Werkstätten, Lagerflächen sowie Büro- und Sozialräume. Im Norden befinden sich die Lagerflächen, im Süden schließen die Werkstätten an. Als Kopfbau im Osten dienen Büro- und Sozialräume. Die Werkstatteinheiten werden in der Mitte des Gebäudes durch eine Montagehalle unterbrochen, die auch als Garage genutzt werden kann.

Im ersten Bauabschnitt wurden zwei Werkstatteinheiten (Schreiner, Spielplatzwarte) mit dazugehörigen Lagerflächen sowie die Montagehalle als offene Fahrzeughalle mit Kranbahn erstellt.

Die Werkstätten und Büroräume

Auf einer Grundfläche von 46,15 x 33,74 Meter gliedert sich der kompakte, rechteckige Baukörper des zweiten Bauabschnitts in einen 3-achsigen Werkstattbereich mit zugehörigem Lager und einer Achse mit Büro- und Sozialräumen. Der Werkstattbereich ist eingeschossig, der Bürobereich hat zwei Etagen.

Die drei Achsen des Werkstattbereichs sind als Stahlrahmenkonstruktion mit vorgehängten, waagerechten Stahlsandwichpaneelen ausgeführt. Die Gebäudetechnik wird sichtbar in Trassen im Luftraum geführt, sodass sie jederzeit zugänglich ist und Nachinstallationen möglich sind. Um optimale Arbeitsbedingungen zu gewährleisten, sind die Werkstatträume groß und hoch. Oberlichter ermöglichen eine gleichmäßige Ausleuchtung mit Tageslicht und dienen gleichzeitig der Entrauchung.

Im Gegensatz zur horizontal liegenden Metallfassade der Werkstattbereiche ist der Kopfbau mit den Büro- und Serviceräumen komplett in Sichtbeton gehalten: Die Fassade ist aus kerngedämmten Stahlbetonfertigteilen, das Tragwerk aus Stahlbetonwänden, -stützen und -decken. Die Innenwände sind in Trockenbauweise ausgeführt. Entsprechend der funktionalen Anforderungen wurden in den Büroräumen und den Fluren abgehängte Akustikdecken installiert. Der Fußboden ist mit grauen Fliesen oder rotem Linoleum belegt.

Neue gemeinsame Fahrzeughalle

Im Bauabschnitt 3 wurden die alten Bestandsflächen im Außen- und Innenbereich überarbeitet. Er beinhaltet auch den Bau einer Fahrzeughalle für den gesamten Fuhrpark. Erst diese ermöglichte den Umzug des Sachgebiets Verkehrsflächen in den gemeinsamen Stützpunkt.

Während der Bauphase

Die Neubauten wurden während des Betriebs des Baubetriebshofs gebaut, danach wurde das bestehende Büro- und das bestehende Werkstattgebäude abgerissen. Die Materialversorgung konnte ohne Probleme sichergestellt werden.

Von Anfang an gab es einen intensiven Austausch zwischen dem Bauherrn, dem Gebäudemanagement der Stadt Ulm, dem Baubetriebshof und dem Architekten. Es wurden Machbarkeitsstudien erstellt und zusammen die Bauabschnitte festgelegt. Der Nutzer war von Beginn an in die Planung involviert. Die Kommunikation verlief in jedem Bauabschnitt besser und vertrauter.

Nach der Fertigstellung

Im Großen und Ganzen wurde alles umgesetzt, was ursprünglich geplant worden war. In den Freiflächen besteht noch ein Bedarf nach Sanierung und Erneuerung. Es gab keine Einführungen oder Schulungen für das Personal im Zusammenhang mit dem neuen Baubetriebshof. Da die Beschäftigten vor Ort waren, waren sie teilweise aktiv am Bau und mit Eigenleistungen beteiligt. Zudem wurden hauptsächlich die bestehenden Maschinen übernommen.

Die Einwohner wurden mit normaler Öffentlichkeitsarbeit über den Neu- und Umbau informiert, z. B. mit Zeitungsberichten und Nachrichten auf der Homepage der Stadt Ulm. Einen Tag der Offenen Tür für die Öffentlichkeit gab es nicht. Stattdessen wurde ein Eröffnungsfest mit geladenen Gästen und den am Projekt beteiligten Personen veranstaltet.

Bild 7: *Die Werkstattbereiche sind hoch und geräumig und verfügen über Oberlichter. (Quelle: Conné van d' Grachten)*

Bild 8: *Die Oberlichter dienen auch der Entrauchung. (Quelle: Conné van d' Grachten)*

Bild 9: *Auf dem Gelände befinden sich Werkstätten für verschiedene Gewerke. (Quelle: Conné van d' Grachten)*

***Bild 10:** Zwischen den Büro-, Sozial- und Werkstattbereichen gibt es direkte Raumverbindungen. (Quelle: Conné van d' Grachten)*

Das bisherige Feedback fällt sehr positiv aus. Durch den Bau in drei Abschnitten konnte einerseits schon das Ergebnis gesehen werden, andererseits lernten alle Beteiligten mit jedem Bauabschnitt dazu. Im Vergleich zu den alten Gebäuden, die mittlerweile abgerissen wurden, hat sich die räumliche Situation wesentlich verbessert mit hohen und lichten Räumen in den Werkstätten und direkten Raumverbindungen zwischen den Büro-, Sozial- und Werkstattbereichen in einem Gebäude.

Durch die Zusammenlegung sind betriebswirtschaftliche Synergien entstanden. Arbeitsabläufe wurden optimiert und es findet ein direkter Austausch zwischen den unterschiedlichen Bereichen statt.

Stadt Ulm

Einwohner: ca. 130.000
Fläche: 118,68 km^2

Kontakt

Frank Scheer
hochstrasser.gesellschaft für architektur mbh
Karpfengasse 5
89073 Ulm
+49 731 935 11 20
scheer@hochstrasser.com
https://hochstrasser.com

***Bild 11:** Luftaufnahme des gesamten Geländes. (Quelle: Stadt Ulm)*

Bauhof Gemeinde Waltenhofen: Neue Fahrzeughalle

Bild 1: *In Waltenhofen musste das Mittelgebäude ersetzt werden. (Quelle: Rainer Retzlaff)*

Da das Mittelgebäude – die Fahrzeughalle des Bauhofs – baufällig war, wurde in Waltenhofen das Gebäude ersetzt durch einen Neubau mit vier eingebauten Fahrzeugstellplätzen und zwei Lagerräumen.

Die Position zwischen Hauptgebäude, Salzlagerhalle und Hausschlachtanlage der Interessensgemeinschaft Waltenhofen und Memhölz blieb bestehen.

Zahlen und Fakten zum neuen Bauhof

- Gesamtgrundstück: 4.819 m²
- Grundfläche Gebäude: 289 m²
- Grundfläche Waschplatte: 79 m²

Adresse

Bahnhofstraße 17
87448 Waltenhofen

Ablauf

- ab März 2022: Planung
- 18.04.2023: Beginn der Aushubarbeiten
- April – Dezember 2023: Bauzeit

Vorgaben für den Bau

Passender Ersatz des baufälligen Gebäudes des Bauhofs durch einen Neubau mit Fahrzeughalle, Lagerraum sowie Waschplatte; Ausführung in vorgefertigter Holzbauweise mit Verwendung von gemeindeeigenem Holz.

Bild 2: *Das Gebäude bietet Platz für vier Fahrzeuge. (Quelle: Rainer Retzlaff)*

Bild 3: *Als Rohstoff diente v. a. gemeindeeigenes Holz. (Quelle: Rainer Retzlaff)*

Bild 4: *Die Fachwerkbinderkonstruktion des Dachs besteht aus Nadelholz. (Quelle: Rainer Retzlaff)*

Veranschlagte Kosten

2,3 Mio. Euro (inkl. MwSt.) inkl. Sanierung Betriebshoffreiflächen und Tankanlage

Tatsächliche Kosten

2,1 Mio. Euro (inkl. MwSt.) inkl. Sanierung Betriebshoffreiflächen und Tankanlage

Verantwortliches Architekturbüro

f64 Architekten und Stadtplaner GmbH
Füssener Straße 64
87437 Kempten
www.f64architekten.de
info@f64architekten.de
+49 831 960168-0

Beteiligte Firmen

- Dr. Schütz Ingenieure, 87435 Kempten: Tragwerksplanung; EnEV und Bauphysik, Schallschutz; Brandschutzplanung
- Kalchschmid GmbH, 87448 Waltenhofen: HLS-Planung
- Elotec GmbH, 87471 Durach: Elektroplanung
- Ingenieurbüro Schneider & Theisen GmbH, 87527 Sonthofen: Freianlagenplanung

Gebäude auf dem Areal

- Ersatzneubau der Fahrzeughalle mit Lagerraum und Waschplatte
- Hauptgebäude Bauhof
- Salzlagerhalle
- Hausschlachtanlage der Gemeinde

Bauweise

Die Holzkonstruktionen wurden aus gemeindeeigenem Holz gefertigt. Das Gebäudevolumen der neuen Halle ist ca. doppelt so groß wie das bisherige. Die Grundgeometrie eines rechteckigen Gebäudes mit Satteldach wurde vom Bestandsgebäude aufgenommen.

Auf der Dachfläche Süd wurde eine neue Photovoltaik-Anlage installiert, um Eigenstrom generieren zu können.

Die eingeschossige Halle besteht im Sockelbereich aus Stahlbetonbauteilen. Zur Ausbildung der Fachwerkbinderkonstruktion des Dachs kam hauptsächlich gemeindeeigenes Nadelholz zum Einsatz.

Auch bei der Ausbildung der Außenwände wurde, wo möglich, auf Konstruktionen aus gemeindeeigenem Holz zurückgegriffen.

Ergänzend zum Neubau erfuhr das Grundstück eine umfassende Sanierung der Betriebshoffreiflächen. Westlich angrenzend an den Ersatzbau errichtete man eine neue Waschplatte, auf der die Bauhoffahrzeuge gereinigt werden können.

Die Wasserversorgung wird durch eine neu errichtete Zisterne gewährleistet, die das Dachflächenwasser aufnimmt und speichert.

Zudem erhielt der Bauhof eine neue Tankplatte, auf der die Fahrzeuge betankt werden können.

Ökologische Besonderheiten

- Eigenstromerzeugung
- Regenwassernutzung
- Nutzung regenerativer Energiequellen (Nahwärme)
- Massenspeicher zum Netzausgleich – Stabilisierung
- Tankstelle/Waschbereiche nach aktuellen ökologischen Vorgaben
- versickerungsfertige Oberflächen, z. B. bei Kfz-Stellplätzen
- Dachbegrünung

Bild 5: *Das Volumen der Halle ist doppelt so groß wie das der vorherigen. (Quelle: Rainer Retzlaff)*

Gemeinde Waltenhofen

Einwohner: ca. 10.000
Fläche: 59,75 km²

Kontakt

f64 Architekten und Stadtplaner GmbH
Füssener Straße 64
87437 Kempten
www.f64architekten.de
info@f64architekten.de
+49 831 960168-0

Bauhof der Gemeinde Wenns: Vieles in Eigenleistung realisiert

Bild 1: *Noch in diesem Jahr soll der neue Bauhof fertiggestellt werden. (Quelle: Gemeinde Wenns)*

Der Bauhof der österreichischen Gemeinde Wenns liegt am Ortsrand, direkt neben dem Recyclinghof.

Der Standort wurde gewählt wegen seiner dezentralen Lage und der direkten Anbindung an die L16. Dank des Recyclinghofs war die Infrastruktur bereits teilweise vorhanden.

Der Neubau an diesem Standort war notwendig, da der alte Bauhof zu klein und die Zufahrtssituation ungenügend war.

Zahlen und Fakten zum neuen Bauhof

- Spatenstich: September 2021
- erster Arbeitstag: August 2022 (Fertigstellung Bauhofhalle)
- Größe des gesamten Geländes: ca. 5.000 m²

Adresse

St. Margarethen 655
6479 Wenns
Österreich

Hauptaufgabenfelder des Bauhofs

- Wasser
- Kanal
- Winterdienst
- Mäharbeiten
- Dorfpflege

Personal am Bauhof

5 Mitarbeitende

Die Planungsphase

- 2018: Ankauf des Grundstücks
- 2020: Beginn der Planungen

Bild 2: Der Bau erfolgte in zwei Phasen. (Quelle: Gemeinde Wenns)

Bild 3: Die Planungen liefen seit 2020. (Quelle: Gemeinde Wenns)

- 2021-2022: 1. Bauphase mit Bauhofhalle
- 2023-2024: 2. Bauphase mit Bürogebäude samt Kleinlager

Das Genehmigungsverfahren

- Umwidmung des Geländes in Sonderfläche
- Einreichung
- Verhandlung mit allen Sachverständigen
- Bescheiderlassung
- Baustart

Spezifische Anforderungen und Besonderheiten

- große Bauhofhalle für alle vorhandenen Fahrzeuge inkl. Reserve
- säulenloser Bau durch Hohldielendecke
- Büroräume inkl. technischer Voraussetzungen (Hard- und Software) nach dem Stand der Technik
- volle Lagermöglichkeiten auf dem Dach, das mit Lkw befahrbar ist
- Die Umsetzung erfolgte in Eigenregie und durch Fachfirmen.
- Erfüllung von wildbachtechnischen Erfordernissen (Auflagen)

Die Bauphase

Für Schwierigkeiten während der Bauzeit sorgte der schlechte Untergrund, was zu erhöhten Fundierungskosten führte. Zudem war die Umsetzung in Eigenleistung anspruchsvoll, da die Covid-19-Bestimmungen eingehalten werden mussten. Die Materialversorgung verlief hingegen nach Plan. Die Kommunikation zwischen Kommune, Architekten und Bauhof verlief sehr gut. Dazu trugen wöchentliche Baubesprechungen und Begehungen bei.

Veranschlagte Kosten

1,2 Mio. Euro brutto für die 1. Phase
150.000 Euro brutto für die 2. Phase

Tatsächliche Kosten

1,187 Mio. Euro brutto für die 1. Phase
120.000 Euro brutto für die 2. Phase

Verantwortliches Architekturbüro

ROECK Architekten
Höttinger Au 24
6020 Innsbruck
Österreich
www.architekt-roeck.at
office@roeck-architekten.at
+43 512 577100

Von den erforderlichen Fachfirmen gab es Einführungen und Schulungen für das Personal.

Die Bevölkerung wurde über die Gemeindezeitung informiert. Einen Tag der offenen Tür gab es noch nicht, da der Bauhof noch nicht komplett fertiggestellt ist. Das bisherige Feedback der Mitarbeitenden fällt sehr positiv aus. Die Wege sind kürzer und die Abläufe koordinierter. Arbeiten in Eigenregie lassen sich schneller erledigen und generell wurden ausreichend Lagermöglichkeiten geschaffen.

Bild 4: *Auf dem neuen Gelände haben die Mitarbeitenden mehr Platz. (Quelle: Gemeinde Wenns)*

Bild 5: *Aktuelles Bild aus der Bauphase. (Quelle: Gemeinde Wenns)*

Gemeinde Wenns

ca. 2.100 Einwohner
ca. 30 km^2

Kontakt

Bürgermeister der Gemeinde Wenns
Patrick Holzknecht
Unterdorf 9
6473 Wenns
+43 676 745 54 54
buergermeister@wenns.gv.at

Bauhof der Wildbach- und Lawinenverbauung in Wiener Neustadt: Modernisiert, um auf Naturgefahren und Katastrophen vorbereitet zu sein

Bild 1: *Der Bauhof in Wiener Neustadt kümmert sich v. a. um den Schutz vor Naturgefahren. (Quelle: Wildbach- und Lawinenverbauung)*

Der hier vorgestellte Bauhof in Wiener Neustadt ist kein kommunaler Bauhof. Stattdessen gehört er zur Gebietsbauleitung Wien, Burgenland und Niederösterreich Ost der Wildbach- und Lawinenverbauung. Österreich ist zu 65 % von Alpen bedeckt. Diese von hohen Bergen und tiefen Tälern geprägte Landschaft ist ein wichtiger Lebens- und Wirtschaftsraum und steht für eine einzigartige Kultur und Natur. Die Natur birgt aber auch Gefahren – Hochwasser, Muren, Lawinen, Steinschläge und Rutschungen gefährden und beschädigen Siedlungen und Infrastruktur. Durch den zunehmenden Siedlungsdruck und die wachsende Bedeutung von Freizeitnutzung und Tourismus in den Alpen nimmt die Zahl der gefährdeten Gebiete zu. Gleichzeitig steigt das Bedürfnis der Bevölkerung nach hoher Lebensqualität und Sicherheit. Schäden durch Naturgefahren werden immer weniger akzeptiert.

Im Zusammenspiel von Mensch und Natur spielt der Klimawandel mit all seinen Veränderungen eine ebenso wichtige Rolle. Mit großer Sicherheit kann heute gesagt werden, dass sich die Erderwärmung insbesondere im Alpenraum und somit auch in Österreich weiter beschleunigen wird. Extremereignisse und Naturgefahren nehmen zu und diese Entwicklung wird sich noch weiter verstärken. Extreme Niederschläge und Schneefälle, Trockenheit und Stürme sind keine Seltenheit mehr.

Steigende Bevölkerungsdichte und Landflucht, intensive Flächennutzung, kostenintensive Infrastrukturen und zunehmende Siedlungsentwicklung in Verbindung mit den Folgen des Klimawandels machen die Gesellschaft verwundbarer denn je. Ein wirksamer und nachhaltiger Schutz vor Naturgefahren ist daher für die weitere gesellschaftliche Entwicklung im österreichischen Alpenraum von besonderer Bedeutung. Der Forsttechnische Dienst für Wildbach- und Lawinenverbauung stellt sich dieser Herausforderung. Mit fast 140 Jahren Erfahrung im Naturgefahrenmanagement forciert er einen innovativen, nachhaltigen und ökologischen Schutz der österreichischen Bevölkerung vor Hochwasser, Muren, Lawinen und Massenbewegungen.

Der Schutz vor Naturgefahren fällt in Österreich in die Zuständigkeit des Staates. Die Wildbachverbauung ist eine Dienststelle mit 7 Sektionen und 21 Gebietsbauleitungen im gesamten Bundesgebiet. Der Zuständigkeitsbereich der Gebietsbauleitung in Wiener Neustadt erstreckt sich über die Länder Wien, Burgenland und die niederösterreichischen Bezirke Baden, Bruck an der Leitha, Gänserndorf, Hollabrunn, Korneuburg, Lilienfeld, Mistelbach, Mödling, Neunkirchen, Schwechat, Tulln, Wiener Neustadt sowie der Stadt Wiener Neustadt.

Die Gebietsbauleitung Wiener Neustadt zeichnet für 868 Wildbacheinzugsgebiete, 59 Lawineneinzugsgebiete, rund 18.000 dokumentierte Schutzbauwerke, rund 11.000 Liegenschaften in Gefahrenzonen in 157 Gemeinden und rund 100.000 ha Schutzwälder verantwortlich. Hierfür steht ein fachlich hochqualifiziertes rund 25-köpfiges Team im Einsatz.

Der Bauhof in Wiener Neustadt

Sämtliche Baufelder der flächenmäßig größten Dienststelle Österreichs werden von hier aus mit Material und Maschinen ausgestattet.

Neben Einkauf und Disposition werden vor Ort auch die eingesetzten Maschinen gewartet und repariert. Das Platzangebot und vor allem auch die Arbeitssicherheit entsprachen am Standort Wiener Neustadt nicht mehr den heutigen Standards, daher entschied man sich zu umfangreichen Erweiterungs- und Sanierungsmaßnahmen. In einer 14-monatigen Bauzeit wurden zunächst das alte Bauhofleiterbüro und ein Teil der bestehenden Werkstätten abgetragen – denn eine Sanierung wäre hier aufgrund der schlechten Bausubstanz unrentabel gewesen.

Im weiteren Baufortschritt wurden die bestehenden Werkstätten und Garagen generalsaniert und um ein Reifenlager, einen Technikraum sowie eine Schmutzschleuse für die Außendienstmitarbeiter erweitert. Ein ausreichend großer und moderner Besprechungsraum wurde an das bestehende Bürogebäude angebaut. Das gesamte Ensemble wurde so geplant und erweitert, dass es sich in den Baustil des Industrieviertels einfügt. Im Sinne des ökologischen Fußabdruckes wurde auf dem Hallendach ein 50-kW-Peak-Photovoltaikanlage installiert – diese liefert wesentlich mehr Strom als verbraucht wird – daher wird Ökostrom ins öffentliche Netz geliefert. Es wurden ausschließlich versickerungsfähige Pflasterungen, sowie eine Dachbegrünung aus Trockenrasen verlegt.

Bild 2: *Der neue Zubau am Bürogebäude. (Quelle: Wildbach- und Lawinenverbauung)*

Das Oberflächenwasser wird in einer 16 Kubikmeter großen Zisterne als Brauchwasser gespeichert.

Durch die umsichtigen Planungs- und Koordinationsleistungen der PlanEd GmbH konnte der Bauzeitplan weitestgehend eingehalten werden – und das vor allem auch unfall- und verletzungsfrei. Die Bauarbeiten wurden zum überwiegenden Teil von regionale Professionisten durchgeführt, womit auch ein Großteil der Wertschöpfung des Projektes in der Region gehalten werden konnte.

Zahlen und Fakten zum neuen Baubetriebshof

- Spatenstich: 05. April 2024
- Größe des gesamten Geländes: ca. 6.100 m²

Adresse

Neunkirchner Straße 125
2700 Wiener Neustadt
Österreich

Bild 3: *Der Altbestand der Bauleitung. (Quelle: Wildbach- und Lawinenverbauung)*

Bild 4: *Der neue Besprechungsraum. (Quelle: Wildbach- und Lawinenverbauung)*

Hauptaufgabenfelder des Bauhofs

- Material- und Gerätebereitstellung
- Durchführung von Reparaturen
- Fertigung von Bauteilen
- Lagerpflege
- Unterhaltung von Straßen (kleine Straßenreinigung, Pflasterarbeiten, Verkehrstechnik, Wirtschaftswegeunterhaltung) inkl. Kontrolle von Straßen, Wegen und Plätzen durch Kontrolleur
- Betreuungsgebiet der Bauleitung rund 14.000 km

Personal am Bauhof

3 Mitarbeitende direkt am Bauhof

Die Planungsphase

- Erste Pläne seit 2018
- Gründe für den Neubau: Es wären große Aufwendungen in den Altbestand notwendig gewesen, um die sicherheitstechnisch vorgeschriebenen Anforderungen und die thermisch-energetischen Ziele zu erreichen.
- Der Standort der Dienststelle blieb derselbe wie vorher, es war kein neues Gelände notwendig
- Planungen: 2021-2022
- Im Wesentlichen Baugenehmigung durch den Magistrat der Stadt Wiener Neustadt
- Bauphase: Ende 2022 – Anfang 2024

Veranschlagte Kosten

rund 4 Mio. Euro (einschließlich der Erweiterung des Bürogebäudes)

Tatsächliche Kosten

knapp 4 Mio. Euro

Verantwortliches Architekturbüro

plan-ed GmbH
St. Egidi 80
8850 Murau
Österreich
https://planed.at
office@planed.at
+43 3532 29088

Bild 5: *Zu den drei Mitarbeitenden gesellt sich zusätzlich Diensthündin Tiba. (Quelle: Wildbach- und Lawinenverbauung)*

Beteiligte Firmen

Überwiegend regionale Professionisten

Materialversorgung

Problemlos – keine Wartezeiten, die wesentliche Projektschritte verzögert hätten

Die Ausstattung

- Zeitgemäßer Werkstättenbereich mit Schlosserei und Tischlerei
- Gerätelager
- Hebebühne (Kfz-Werkstatt)
- Zeitgemäße Büroräumlichkeiten für den Leiter
- 2 Bereitschaftszimmer und Aufenthaltsraum im Bürotrakt
- Garagengebäude mit Schmutzschleuse
- Platz für 8 Pkw inkl. E-Ladestellen
- Technikraum
- Schlafplätze für Katastrophenfall
- Eine Photovoltaikanlage liefert wesentlich mehr Strom als verbraucht wird – daher wird Ökostrom ins öffentliche Netz geliefert.
- Ausschließlich versickerungsfähige Pflasterungen
- Dachbegrünung aus Trockenrasen
- Das Oberflächenwasser wird in einer 16 m^3 großen Zisterne als Brauwasser gespeichert.

Bild 6: *Das neue Hochlager. (Quelle: Wildbach- und Lawinenverbauung)*

Nach der Fertigstellung

Am neuen Bauhof wurde alles umgesetzt, was ursprünglich geplant worden war. Hinsichtlich der Arbeitsschutz- und Sicherheitsmaßnahmen erfüllt er alles, was gesetzlich vorgeschrieben ist. Für das Personal gab es Einführungen und Schulungen. Die Kommunikation zwischen Kommune, Architekturbüro und Bauhof lief sehr zufriedenstellend.

Bild 7: *Die Arbeitsbühne. (Quelle: Wildbach- und Lawinenverbauung)*

Die Einwohnerschaft wurde über Medieninformationen auf dem Laufenden gehalten.

Eingeweiht wurde der Bauhof mit einem Festakt unter Beteiligung von Politik, Ministerium und Behördenvertretern.

Bei einem Katastropheneinsatz Anfang Juli 2024 hat sich der Bauhof schon ausgezeichnet bewährt.

Fazit des Bauhofs

Wir sind zufrieden. Insbesondere die Mitarbeiter und Mitarbeiterinnen am Standort haben während der Bauphase außerordentliches geleistet, wir betreuten immerhin die gesamte lokale Koordination und die gesamte Rechnungsabwicklung. Auch von den Mitarbeitenden kam bis dato ausschließlich positives Feedback.

Kontakt

Wildbach- und Lawinenverbauung
Sektion Wien, Niederösterreich und Burgenland
DI Christian Amberger
Marxergasse 2
1030 Wien
+43 1 533 91 47-637015
christian.amberger@die-wildbach.at

***Bild 8:** Gruppenbild bei der Neueröffnung des Bauhofs. (Quelle: Stadt Wiener Neustadt)*

Bibliografische Information der Deutschen Bibliothek

Die Deutsche Bibliothek verzeichnet diese Publikation in der Deutschen Nationalbibliografie; detaillierte bibliografische Daten sind im Internet über http://dnb.dnb.de abrufbar.

Mandichostraße 18
86504 Merching

Telefon: +49 (0)8233 381-123
Fax: +49 (0)8233 381-222
E-Mail: service@forum-verlag.com
Internet: www.forum-verlag.com

Dieses Verlagserzeugnis wurde nach bestem Wissen und nach dem aktuellen Stand von Recht, Wissenschaft und Technik zum Druckzeitpunkt erstellt. Der Verlag übernimmt keine Gewähr für Druckfehler und inhaltliche Fehler.

Hinweis: Aus Gründen der besseren Lesbarkeit und Einfachheit wird in den folgenden Texten meist die männliche Form verwendet. Die verwendeten Bezeichnungen sind als geschlechtsneutral bzw. als Oberbegriffe zu interpretieren und gelten gleichermaßen für alle Geschlechter.

Titelfoto/-illustration: © MBN GmbH/Städtische Betriebe Lemgo (großes Bild), © Rainer Retzlaff, © Stadt Burgdorf, © Rainer Retzlaff (kleine Bilder, von links nach rechts)
Satz: Reemers Publishing Services GmbH, 47799 Krefeld
Druck: Silber Druck oHG, Otto-Hahn-Straße 25, 34253 Lohfelden
Printed in Germany

ISBN 978-3-98875-132-4 3470 (Print)
ISBN 978-3-98875-133-1 8553470 (E-Book)
ISBN 978-3-98875-134-8 53470 (Kombi)